国家自然科学基金-新疆联合基金(U2003133)资助
霍英东教育基金会高等院校青年教师基金(171102)资助
国家重点研发计划项目(课题)(2023YFC2907701)资助
秦创原引用高层次创新创业人才项目(QCYRCXM-2023-054)资助
“十四五”时期江苏省重点出版规划项目

西部高惰质组煤的显微组分解离与分质技术

李 振 付艳红 著

中国矿业大学出版社
·徐州·

内 容 提 要

本书立足我国西部开发需求，针对西北早-中侏罗纪煤中惰质组分含量较高、制约其合理高效利用所衍生的科学问题，开展煤岩组分选择性解离方法及机理的研究。从传统典型粉碎方式的作用效果入手，在煤岩分析的基础上，引入MLA等煤炭加工领域鲜有尝试的分析技术，通过矿物成分、相界面特征、解离度与不同组分回收率之间的关系等定性、定量分析，考察了不同粉碎方式作用下矿物及显微组分的解离规律；开发了一种以"多元强化""提质/分质"为特征的西部高惰质组煤显微组分解离及富集技术。研究成果将深化和丰富现有的煤岩组分加工利用方法和理论，对促进新一代洁净煤技术的发展具有现实重要意义。

图书在版编目(CIP)数据

西部高惰质组煤的显微组分解离与分质技术/李振，付艳红著. —徐州：中国矿业大学出版社，2024.1

ISBN 978-7-5646-5202-9

Ⅰ. ①西… Ⅱ. ①李… ②付… Ⅲ. ①煤岩－选煤－研究 Ⅳ. ①TD31

中国版本图书馆CIP数据核字(2021)第241097号

书　　名　西部高惰质组煤的显微组分解离与分质技术
著　　者　李　振　付艳红
责任编辑　褚建萍
出版发行　中国矿业大学出版社有限责任公司
　　　　　　(江苏省徐州市解放南路　邮编221008)
营销热线　(0516)83885370　83884103
出版服务　(0516)83995789　83884920
网　　址　http://www.cumtp.com　**E-mail**:cumtpvip@cumtp.com
印　　刷　苏州市古得堡数码印刷有限公司
开　　本　787 mm×1092 mm　1/16　**印张** 8.75　**字数** 224千字
版次印次　2024年1月第1版　2024年1月第1次印刷
定　　价　52.50元
(图书出现印装质量问题，本社负责调换)

前　言

显微组分是煤的基本组成单元，不同显微组分在化学组成和结构方面的差异导致其后续深加工利用的途径不同。由此，开展以煤显微组分分离为代表的精细加工技术研究对煤炭资源的分质高质化利用具有重要意义。

煤显微组分分选的前提是对其进行有效的粉碎解离。尽管人们对矿物解离已进行了几十年的研究，但是，关于煤岩组分解离的研究，至今仍然处于起步阶段。煤岩组分解离的关键是促使组分沿着界面的边界粉碎而不是面内粉碎，这除了与粉碎条件和受力状况有关外，还直接与各组分的力学性质、界面的基本结构单元排列状况、各组分的界面性质及相互作用以及微裂隙发育等因素密切相关。目前关于煤岩组分粉碎的研究主要集中于对煤岩组分的可磨性及磨矿过程中各组分的行为探讨，研究过程多以产品细度作为主要的评价标准来衡量粉碎效率，综合考虑粉碎与解离耦合的研究极少。

与此同时，西部煤炭资源开发过程不可避免地要面对水资源短缺、寒冷气候等问题，客观地理环境使然，高效的显微组分干法分质加工技术对适配于我国煤炭开发战略西移具有积极的效果。但传统的干法分选技术对入选原煤的粒度要求下限较高，尚不能实现全粒级分选，适用于细粒级物料，尤其是能适配以煤显微组分分质加工为特征的干法分选技术有待开发。

笔者在服务西部煤炭提质加工方面的研究，源于与国家能源集团宁夏煤业有限责任公司合作的科技创新项目“太西超低灰无烟煤的超细粉碎及其高性能材料研究”。该项目的初衷契合国家面向西部的发展战略要求，以及对稀缺煤炭资源的高附加值转化利用需求，其成功实施更为本书所涉及的关键技术提供了雏形设计。在后续的国家自然科学基金（51404194）、中国煤炭工业协会科学技术研究指导性计划项目（MTKJ 2017-306）、霍英东教育基金会高等院校青年教师基金（171102）等相关研发工作中，笔者秉持“立足西部，聚焦前沿”的初心，进一步明晰、深入、优化与拓展以“提质、分质、高质化”为特征的技术思路。该方面的研究将实现煤岩组分干法分选技术的创新与突破。相关成果可在有效释放煤显微组分分质利用潜力、使下游工程能更好发挥作用的同时，缓解西部缺水地区的资源矛盾。由此在建立煤岩绿色分质分离技术体系，保障国家能源体系安全、持续发展的同时，为继续保持我国在煤岩组分性质和高效分选利用研究领域的国际领先地位提供理论和技术支撑。

感谢原煤炭工业部副部长、中国煤炭工业协会原会长、煤炭工业技术委员会主任王显政教授级高级工程师，加拿大皇家科学院和工程院院士、南方科技大学徐政和教授，中国工程院院士刘炯天教授，中国工程院院士、西安科技大学王双明教授，西安科技大学王宏教授，国家能源集团宁夏煤业有限责任公司朱长勇教授级高级工程师，中国矿业大学段晨龙教授，西安科技大学周安宁教授与笔者进行了有益讨论，提供了重要的建议和修改意见。同时感谢西安科技大学、中国煤炭工业协会、中国煤炭学会、中国矿业大学出版社、煤炭行业煤岩分质及低碳利用工程研究中心、自然资源部煤炭资源勘查与综合利用重点实验室、国家能源集团宁夏煤业有限责任公司、陕西新能选煤技术有限公司、Oil Sands and Coal Interfacial Engineering Facility(University of Alberta)等单位的大力支持和帮助。

感谢国家自然科学基金-新疆联合基金(U2003133)、霍英东教育基金会高等院校青年教师基金(171102)、国家重点研发计划项目(课题)(2023YFC2907701)、秦创原引用高层次创新创业人才项目(QCYRCXM-2023-054)在本专著出版时提供的资助。

在本书编写过程中,著者还参考或引用了国内外诸多专家学者的文献、研究成果,一并列于参考文献中,在此对文献的作者表示真挚的感谢和敬意,如有遗漏,当属作者疏忽,敬请指正。

著 者

2023 年 12 月

目　录

第一章　绪　论

第一节　西部煤炭资源特征

当今世界，能源缺乏已成为大国之忧。2022 年全球煤炭需求首次超过 80 亿 t，预计到 2025 年，全球煤炭需求将增加到 80.38 亿 t。在未来 20 年内，中国的煤炭消费量仍将占据主要能源消费的 50%左右，中国仍是世界上最大的能源消费国[1]。根据国家统计局数据，2022 年中国规模以上煤炭企业的煤炭产量为 45.6 亿 t，其中山西、内蒙古、陕西、新疆、贵州、宁夏的煤炭产量分别为 130 714.6 万 t、117 409.0 万 t、74 604.5 万 t、41 282.2 万 t、12 813.6 万 t、9 355.4 万 t，所占比例分别为：28.66%、25.74%、16.36%、9.05%、2.81%、2.05%，共占全国煤炭产量的 84.67%。这表明煤炭在中国及全球的基础能源消费中仍然具有重要地位。

随着煤炭开采战略性西移，我国相继在西部投产了多个大型（或特大型）煤炭生产基地，如神府东胜矿区、黄陇矿区、彬长矿区、灵武矿区（和后续的宁东能源化工基地）、华亭矿区等，其无一不开采早-中侏罗纪煤炭。据第三次全国煤田预测资料分析，西北地区侏罗纪的煤炭资源量占我国各成煤时代煤炭资源总量近 40%，其中优质煤的资源量占全国的 90%[2]。由于早-中侏罗纪煤低灰、低硫和相对“环保”的特性，预计其在我国能源构成中所占的比例会越来越大，作用也会越来越明显。

深入研究发现这些煤的惰质组分含量普遍较高。统计表明，绝大多数西北侏罗纪煤中惰质组含量在 35%以上，个别煤层可达 70%以上。例如，神府煤的惰质组含量一般为 30%～70%、彬长煤为 44%～89%、黄陇煤为 24%～63%、灵武煤为 30%～69%、华亭煤为 30%～50%。惰质组分含量较高，导致煤的黏结性较差，难以较大比例地用于配煤炼焦；成浆性能较差，难于制得高浓度水煤浆；液化性能变差，出油率变低；燃点较低，易于自燃；影响煤的气化性能；等等。

众多事实说明，惰质组分含量较高已成为影响西北早-中侏罗纪煤的工艺性质、制约其合理有效利用的重要因素。在此种背景下，有效进行煤岩组分分选和富集，实现不同煤岩组分的分类转化利用成为促进该高惰质组煤实现综合、高效利用的重要途径之一。

第二节　煤显微组分与分质加工技术

为适应能源安全与环境友好的新发展，煤炭分质利用成为当今煤炭高效清洁转化利用的重要途径。煤的质量和性质是其煤化程度和煤岩显微组分含量的函数，煤中各显微组分的结构和性质不同，其在煤炭加工利用中的地位和用途也不同。在当今煤炭分质转化的需求背景下，煤显微组分的研究可催生煤炼焦工业、煤液化工业、煤燃烧、水煤浆工业、煤的氧化和气化以及原生沉积矿床和生物成矿等领域突破性发展。然而，从煤岩煤质方面开展煤炭分质利用的研究仍十分鲜见，其根本原因在于尚没有成熟有效的显微组分分选技术。

一、煤显微组分的基本概念

煤中显微组分分为有机显微组分和无机显微组分。煤的有机显微组分是指显微镜下可识别的最小有机组成单元。目前国际煤岩学委员会按显微组分的成因以及化学性质将其大致分为镜质组、惰质组、壳质组(稳定组)三大类[3-5]。

(一) 镜质组

镜质组是煤中最常见和最主要的有机组分。煤岩学理论认为镜质组是由植物的木质纤维组织经过凝胶化作用转变而成的。根据植物组织保存的完好程度将其划分为3种显微组分，即结构镜质体、无结构镜质体和碎屑镜质体。

(二) 惰质组

煤岩学理论认为惰质组是由植物的木质纤维组织在泥炭沼泽中经丝炭化作用转变而成的有机组分。显微组分分类中通常把惰质组划分为丝质体、半丝质体、粗粒体、微粒体和碎屑惰质体等。

(三) 壳质组

煤岩学理论认为，壳质组是由植物的繁殖器官、角皮组织、分泌物等形成的，是成煤植物中化学性质最稳定的组分。该组分多见于微亮煤、微壳质煤、微暗亮煤及微亮暗煤中。按其组分来源及形态特征可以分为孢子体、角质体、树脂体、木栓质体、碎屑壳质体，低等生物中还含有菌类体、藻类体等。

三种显微组分的鉴定特征见表1-1。

表1-1　三种显微组分的鉴定特征

显微组分组	宏观性质	光学显微镜下		扫描电镜下	性质	密度
		油镜反射光	透射光			
镜质组	贝壳状断口，断口呈现玻璃状/沥青状光泽，高级煤出现金属光泽	呈深灰色到浅灰色	橙红色-棕红色-棕黑色-黑色	致密、均匀、平坦、光滑，呈宽窄不等的条带状	易碎，随煤级增加H/C和O/C原子比下降，具有一定的熔融性和结焦性	1.27～1.8 g/cm^3
惰质组	丝炭具有丝绢光泽，染手，硬度大	灰白色、亮白色、亮黄白色，大多具有中高突起	棕黑色-黑色，微透明-不透明，蓝光下发暗褐色到褐色荧光	条带状，纺锤状，断面呈纤维状顺层排列	可熔性、结焦性很低，不具有熔融性，碳含量高，氧、氢含量少，芳构化程度高	大于镜质组和壳质组，一般差值大于0.1 g/cm^3
壳质组	韧性较强，常成弯曲状分布于煤中	深灰色-浅灰色	呈柠檬黄色-黄色-橘黄色-红色，蓝光激发下发绿黄色-亮黄色-橙黄色-褐色荧光	小孢子呈扁环状，细短线条状；角质体呈条带状，条带内缘呈锯齿状，外缘平滑；树脂体呈圆形，椭圆形，轮廓清晰，表面平坦	富氢，具有较强的黏结性和结焦性	一般低于惰质组和镜质组，随着煤化程度增加，差值减小

（四）煤中的矿物质[3,5]

煤岩学中将除有机显微组分以外的一切无机组分均归为矿物质。它的来源主要有两个方面：成煤植物体内的无机成分和成煤过程中由外部因素混入的矿物质，后者是煤中矿物质的主要来源。常见的矿物质主要有黏土矿物、碳酸盐矿物、硫化矿物、氧化硅矿物、氧化物及氢氧化物、硫酸盐矿物和其他矿物。扫描电镜下，矿物质反射二次电子的能力大于有机显微组分，二者在图像上形成较鲜明的反差易于区别。在油浸反射光下，黏土类矿物呈现深灰色-灰黑色-黑色，碳酸盐矿物呈灰棕色、内反射珍珠色以及略带浅灰褐色，硫化矿物呈亮黄白色-亮白色，氧化硅矿物呈褐色。

二、煤显微组分的基本性质[6,7]

（一）反射率

显微组分的反射率是指光片中显微组分反光强度与垂直入射光强度的百分比。一般情况下，显微组分的反射率都是在油浸物镜下测定的，煤中的镜质组反射率能较好地反映煤的煤化程度。考虑到煤，特别是高煤化程度的煤，具有较明显的各向异性，可测其最大反射率 $R_{o,max}$ 和最小反射率 $R_{o,min}$。在不同的煤化阶段中，各显微组分的反射率都有一定的范围，并随煤化程度的增高而增加，这反映了煤的内部由芳香稠环化合物组成的芳香核缩聚程度在增加，芳碳率 f_a 在逐渐增大。在同一煤化阶段中，各显微组分的反射率由镜质组到惰质组是逐渐增加的，如图 1-1 所示。

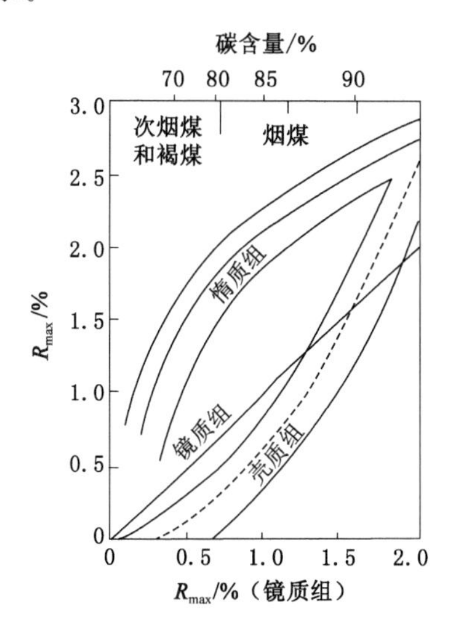

图 1-1 不同显微组分的反射率与煤化程度的关系

镜质组的反射率在三大显微组分中居中，且受煤化程度的影响较灵敏（镜质组的各向异性特征随煤化程度增加而变得越来越明显），因此采用镜质组中均质镜质体或基质镜质体的反射率作为衡量煤化程度（煤级）的指标。

壳质组的反射率在三大组分中最低，在褐煤和低阶烟煤中，随着煤化程度的增高，壳质组的反射率增长渐慢。在无烟煤中，壳质组的平均反射率往往高于镜质组，当部分壳质组的 $R_{o,max}$ 高于惰质组时，具有强烈的各向异性，较易识别。

惰质组的反射率在三个组分中最高，其反射率在 0.33%～0.86%范围内。随着煤化程度增高，丝质体的反射率由 1.02%增至 2.08%，增长较快，但之后丝质体的反射率增长速度略低于镜质组。惰质组中火焚丝质体的反射率最高，氧化丝质体次之，粗粒体和半丝质体较低。

（二）密度

煤的密度是指单位体积煤的质量。根据测定方法，可将煤的密度分为视密度和真密度两种，视密度是指包括煤的内部空隙的单位体积煤的质量，而真密度则不包括煤的内部空隙，因此视密度理论上低于真密度。在实际应用中，煤的真密度是几乎无法直接测定的，通过采用真相对密度予以代替。煤的真相对密度是指单位体积煤的质量与同温度下同体积水的质量之比，即同体积煤相对于水的密度。

煤的密度受煤显微组分、煤化程度、煤中矿物质以及孔隙分布等影响。煤中矿物质的密度一般是远高于有机质的，例如黄铁矿的密度为 5.9 g/cm^3，菱铁矿的密度为 3.8 g/cm^3，黏土矿物的密度为 2.4～2.6 g/cm^3，石英的密度为 2.65 g/cm^{3}等，所以煤中矿物浸染越严重，其密度也会较高。煤中显微组分的密度存在差异，通常其大小顺序为壳质组＜镜质组＜惰质组，但随着煤化程度的升高，煤中显微组分的差异性将缩小，各显微组分的密度差异性也随之减小，如图 1-2 所示。

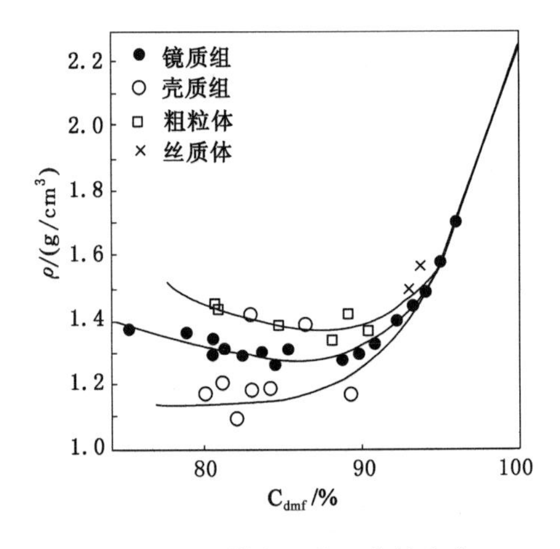

图 1-2　煤中显微组分的密度

（三）显微硬度

煤的显微硬度是指煤对承受的静压力的抵抗能力。根据正四棱锥体金刚石压头在规定的试验力和一定的作用时间下压入显微组分所形成的压痕大小计算出的硬度称为维氏硬度，用 HV 表示。压痕越大则煤的显微硬度越低，压痕越小则煤的显微硬度越高。其数值是以压锥与煤的单位实际接触面积上所承受的试验力来表示，单位为每平方毫米牛(N/mm^2)，一般常用每平方毫米公斤力(kgf/mm^2)来表示。

煤的显微硬度受煤的结构单元中芳香核的大小、分子排列的有序性、氧含量、交联程度以及高塑性物质含量的影响。例如，褐煤中含有较高的腐殖酸，对应显微硬度较低，随着煤化程度增高，氧原子的引入和氢键的生成，分子间的作用力相互增大，显微硬度逐渐增大；高煤化程度煤的交联程度相对有所减弱，显微硬度最小；无烟煤具有高度的芳香缩聚结构，随着煤化程度的增高，相邻碳网的结合、增大，有序性加强，显微硬度增大，介于 30～200 kg/mm^2；烟煤中，长焰煤的显微硬度最低，介于 14～18 kg/mm^2，气煤的显微硬度显著增加，肥煤、焦煤、瘦煤、贫煤显微硬度大致相同。

相同煤化程度的各种显微组分的显微硬度不同。一般惰质组的显微硬度高于镜质组，而壳质组的显微硬度低于镜质组。例如烟煤中丝质体的 HV 为 294～785 N/mm^2，粗粒体为 245～686 N/mm^2，菌类体为 490～1471 N/mm^2，而孢子体为 124～238 N/mm^2。

（四）显微脆度

显微脆度是指显微镜下金刚石压锥压入显微组分后，每一百个压痕出现裂痕的数值。数值越大，显微脆度越高；反之，则越小。不同煤化程度的煤，显微脆度不同。焦煤的显微脆度最大，肥煤、瘦煤次之，无烟煤、气煤、长焰煤依次减小。对于还原程度不同的煤，强还原煤中镜质组的显微脆度比弱还原煤中镜质组高。一般镜质组脆度最大，半镜质组次之，半丝质体和丝质体又依次降低，壳质组的脆度最小且韧性最大。

（五）耐磨硬度

煤的耐磨硬度又称磨损硬度，是指用磨料抛光时显微组分的抗磨强度。抛光煤的光片时，软的显微组分磨损很快，容易凹下，而硬的显微组分磨损慢，相对突出，显突起。惰质组分（微粒体除外）比镜质组分突起高，其中氧化树脂体和火焚丝质体更为明显。在镜质组组分中，结构镜质体有时略显突起。壳质组中孢子体、角质体突起明显，藻类体、树皮体次之，树脂体一般不显突起。低煤化程度的烟煤中各显微组分之间的差别较大，随着煤化程度的增高，突起差别减小。在煤中的矿物质中，黄铁矿和石英的突起高。

（六）黏结性

煤的黏结性能不仅与其煤化程度有关，而且还取决于岩相组成。国内外研究学者的结果表明，中等煤化程度的镜质组表现出较好的黏结性，并随煤化程度规律变化；壳质组流动性较大，惰质组几乎没有黏结性。中等煤化程度烟煤中镜质组易熔，具有黏结性，在加氢液化时，镜质组的转化率较高。

三、基于煤显微组分的分选与加工技术

煤炭的分质利用最早是从煤炭分类研究开始的，基于煤炭分类指标可将煤按工艺性质不同进行分类和分质。其概念可定义为基于煤炭结构、组成和性质上差异，进行高效加工和利用的一种工艺集成技术或方法。因煤中矿物质含量、显微组分含量不同以及结构差异，从而导致了其用途的分化[8]。根据所涉及的领域，简要归纳如下[3,4,9-14]。

（一）煤炭分选与燃烧

从宏观角度分析，镜煤、亮煤、暗煤、丝炭四种宏观煤岩组分的表面润湿性不同，浮选性差距也很大，其中以凝胶化组分为主的镜煤和亮煤比暗煤和丝炭有更好的浮选性。煤的有机显微组分对粉煤燃烧也有一定的影响，张军等[15]对单一显微组分的研究结果表明，壳质组、镜质组易于燃烧，而惰质组较难燃烧。路继根等[16]采用热重法研究煤显微组分的燃烧性质发现，镜质组的燃烧特征温度低于惰质组，壳质组在燃烧前、中期温度较低，在燃烧后期镜质组和惰质组的特征温度差值变小。煤中的矿物质对燃烧特征温度有一定的影响作用。

（二）水煤浆制备

水煤浆的性质是由成浆用煤的性质以及水煤浆的制浆工艺条件等因素决定的。研究表明，烟煤中较高的镜质组、较低的丝质组有利于煤的成浆性和稳定性。成浆性随着镜质组的最大反射率的增加而增加。镜质组和丝质组的含量对水煤浆的成浆性和流变性的影响较为明显，壳质组的含量对水煤浆性质的影响较小。

（三）煤炭气化

煤炭气化是指在一定条件下，煤与不同气化介质（CO_2、H_2、H_2O、O_2）相互作用的反应能力。煤炭气化的活性主要取决于其脱出挥发分后生成焦的气化反应活性。气化用煤要求固定碳>80%，灰分<25%，硫分≤2%，机械强度>65%，热稳定性>60%，灰熔点>1 250 ℃，挥发分≤9%，化学反应活性越高越好。研究表明，镜质组和惰质组富集物与 CO_2 的气化反应速率均随煤化程度的提高而显著降低；Czechowski 等[17]发现低煤化程度烟煤与 H_2O 气化过程中，显微组分的反应活性为：镜质组>壳质组>惰质组；丁华的相关研究表明，对同一种煤而言，在相同气化反应下，其气化顺序为：镜质组>原焦煤>惰质组焦。除此之外，有研究认为，矿物质对气化反应过程也有一定的影响：煤中矿物质的催化效应是影响各种有机显微组分气化反应活性的重要原因之一。不同矿物质在气化过程中起到促进作用或抑制作用。

（四）煤炭液化

煤炭液化是指煤在氢气和催化剂的作用下，催化加氢裂化成液体及少量气体烃，脱出煤中氮、氧、硫等杂原子的转化过程。陈洪博等[18]研究不同煤显微组分加氢性能发现，神东煤镜质组和壳质组的转化速率和生成油、沥青烯的速率为惰质组的 2～3 倍，未反应的煤中主要是惰质组。夏筱红等[19]研究发现镜质组的液化反应性好于惰质组的主要原因是镜质组的氢含量较高，芳香度小，脂肪氢较多，且芳香键的平均键能大于脂肪氢键的键能。

（五）煤炭焦化

煤炭焦化是指煤在隔离空气条件下高温加热至 1 000 ℃左右，分解为焦炭、煤焦油和焦炉气的过程。焦炭一般用于高炉炼铁；焦炉气一方面用作燃料，另一方面用作化工原料，主要合成氨、甲醇等化学品。炼焦用煤对煤的黏结性和结焦性要求很高。有研究认为，显微组分焦样的特定碳层结构和孔性质决定了其在焦化过程中的反应性，镜质组在热解过程中能够软化熔融，其焦样的石墨化程度较高、比表面积小，因此反应性较低；惰质组在热解过程中不发生软化熔融，因其具有在强烈条件下未被完全氧化的碳结构，表面积较大，具有较高的反应活性。

在配煤炼焦过程中，镜质组属于活性组分，在热解过程中自身发生相态变化，产生的挥发性气态物质以及非挥发性的液态成分具有黏结性，并参与块焦的形成。惰质组对焦炭质量影响主要有两个方面：一方面，惰质组可能造成焦炭结构上的缺陷以及煤粒间接触紧密度的降低，影响焦炭的质量；另一方面，在焦炭结构的形成过程中，惰质组可以吸附活性组分，从而降低焦炭收缩应力，改善焦炭性能。惰质组缺少或过剩对配煤炼焦都不利。

（六）煤基碳材料制备

闫兰英等[20]研究了煤显微组分对制备的活性炭性能的影响，发现煤样中镜质组含量越高，所制备的活性炭比表面积越低，惰质组含量越高，活性炭比表面积越高；富镜质组煤可用于制备微孔发达的活性炭，富惰质组煤更易制备中孔发达的高比表面积活性炭，且惰质组含量越高，活性炭的收率越高。刑宝林等[21]研究了煤显微组分对活性炭孔结构及电化学性能的影响，结果表明不同煤显微组分制备的活性炭的结构存在显著差异，其中惰质组活性炭的孔隙结构最发达，其次是镜质组，壳质组最低。

综上，不同显微组分在浮选、煤的焦化、气化、液化、热解、制备水煤浆等过程中发挥不同的作用，促进或者抑制相关反应的进行。由此，实现煤炭高效分质利用的基础与前提就是显微组分的分选与富集。

第三节 煤显微组分的分选方法与关键技术

一、现有的显微组分分选技术[6,7,22-40]

煤显微组分的分选方法主要有人工手选法、筛选富集法、重液浮沉法、重液离心法、浮选法、电选分离法、油团聚法等。目前的显微组分分离与富集大多还限于制备试验样品以作为煤的性质研究、其他煤转化工艺性能研究的原料等小规模应用。已有的研究大多通过手选和密度梯度离心分离技术来获取显微单组分或其富集物，而该方法虽纯度高，但处理量小，仅限于实验室操作。基于煤显微组分表面润湿性和动电性差异而采用的浮选法有可能规模化，但仍存在显微组分的润湿性差异较小，其表面性质的差异、分选工艺条件和药剂制度尚不明确等技术瓶颈；加之其充分解离后粒度细化，后续难以有效过滤烘干，能耗大，同时生产过程中还会造成一定程度的环境污染。

煤显微组分只有充分解离，才能优化分选。针对煤岩组分粉碎特性，前人已经做了部分研究。乔等[41]研究煤有机组分解离特性得出在粗粒级中镜质体含量较高，而在细粒级中惰质体（主要是丝质体和半丝质体）含量较高；随着研磨时间的延长，在两种粒级中惰质体含量下降，而镜质体含量反而升高；在惰质体中尽管粉碎产生大量的细粒，但这些细粒与粗粒相比却很少能被解离；不过，当全部给料被磨到－74 μm 时，显微组分的解离就会提高。王美丽等[42]在总结磨矿过程对解离程度的影响时得出惰质组的可磨性最好，镜质组的可磨性最差。Man 等[43]研究得出由于不同煤岩组分的性质不同，在磨矿和筛分过程中会发生煤岩组分的差异富集现象。首次粉碎物料中镜质组含量偏低，而惰质组、壳质组及矿物质含量偏高；由于矿物质的有限分离，经过首次磨矿后，矿物质主要存在于细颗粒中。门东坡等[44]分析了不同破碎程度下煤岩显微组分的分布形态和解离规律，结果表明随着破碎粒度的降低，不同显微组分会在不同粒级产品中富集。

不同显微组分随粒度对应不同富集规律存在差异的主要原因在于：不同煤种中不同显微组分的可磨性、显微组分的含量、嵌布形式等差距较大，加之一些外部原因也会影响到其粉碎解离特性，例如粉碎时间、粉碎方式等。如前所述，显微组分能够各尽所用的前提是实现各组分的解离及分选。以往对各组分进行剥离的方式（例如常规的破碎磨矿）大多都有能耗高、效率低、解离不充分等缺点。因此，实现煤显微组分有效分选的关键前提是探究合适的粉碎解离技术。

二、粉碎的目的及重要性

用外力克服固体物料质点间的内聚力而使大块物料形成碎散细小颗粒的总过程称为粉碎。选煤厂、选矿厂、水泥厂、水力发电厂均需要一系列的粉碎单元操作。针对选矿厂来说，粉碎作业一般分为粗、中、细碎三个阶段，磨碎作业一般分为粗磨和细磨两个阶段；超细粉碎一般也分为微粉碎和超微粉碎两个阶段[45]。粉碎的目的主要有以下两个方面[46]：

(1) 使矿石中有用成分充分解离。由于矿石中有用矿物与杂质紧密结合在一起，因此只有通过粉碎作用才能将有用成分释放出来。将有用矿物与杂质充分解离之后才能采用合适的分选方法得到精矿。

(2) 使物料的比表面积增大。比表面积是单位质量或体积的物料的表面积。物料粒度越细，比表面积越大。在化工相关利用中，增加物料的比表面积有助于颗粒的燃烧、气化、吸附、干燥等；在工业制备水泥的过程中，粒度越细，水泥的标号越高；在混凝土制备、炼焦工业、陶瓷工业、玻璃工业、食品工业、医药等行业也需根据不同要求将物料碎成粉末状态。

三、常用的粉碎设备及其粉碎方式

粉碎、破碎、粉磨、磨矿这几个概念本质上也存在一些异同。粉碎是指固体物料在外力作用下克服其内聚力使其破碎的过程；破碎是指大块物料在机械力作用下粒度变小的过程；粉磨是指使小块物料破裂成细粉末状物料的过程；磨矿是指矿石经粉碎后进行分选前的粒度准备作业，其中介质与物料直接接触。以下对常规粉碎设备及其粉碎方式做一简单探讨。

(一) 棒磨机

棒磨机主要是利用棒与棒之间挤压、研磨作用而使物料粉碎的设备。棒与棒之间为线接触粉碎，其运动过程中对物料有筛分作用，能使大颗粒物料被提升到每层的最高位置，集中到粉碎能力较强的地方进行粉碎，这样不会造成过磨现象，粉碎后的物料粒度分布相对较窄。当物料受到棒与棒之间的挤压时，粉碎方式为挤压粉碎；棒与物料颗粒之间同时存在摩擦作用，此时的粉碎方式主要为研磨/磨削。由此，棒磨机的粉碎方式以挤压粉碎为主、研磨/磨削为辅。

(二) 球磨机

球磨机的主要工作部件为一个回转圆筒，靠筒内装入的钢球、钢段或瓷球、刚玉球等研磨介质的冲击和研磨作用将物料粉碎和磨细。转速较快时，研磨介质对物料无任何冲击和研磨作用；转速较慢时，研磨介质和物料因摩擦力被筒体带至等于动摩擦角的高度，然后在重力作用下下滑，对物料有较强的研磨作用，无冲击作用；转速适中时，研磨介质被提升至一定高度后以近抛物线轨迹抛落下来，对物料有较大的冲击作用。一般设备在正常运行的状态下转速适中。综上，球磨机的粉碎方式以冲击粉碎为主、研磨/磨削为辅。

(三) 机械冲击粉碎机

机械冲击粉碎机的工作原理是：利用围绕水平或者垂直轴高速旋转的回转体（锤、棒、叶片等）对物料加以激烈的冲击，使其与固定体或者颗粒之间冲击碰撞，实现物料粉碎。一般分为立式和卧式两种。立式是物料在高速转子和带齿衬套定子之间受到冲击剪切而粉碎；卧式是物料通过给料机给到粉碎室，在转子的冲击粉碎作用下被粉碎。以上过程中，物料主要受到转子的多次打击作用，颗粒之间主要受到研磨和摩擦作用；处于转子之间的物料受到强烈搅动和颗粒之间的相互研磨作用；处于转子及衬套之间的间隙也使物料受到研磨作用。由此，机械冲击粉碎机的粉碎方式以冲击粉碎为主、研磨/磨削为辅。

（四）流化床气流粉碎机

流化床气流粉碎机是目前气流粉碎机的主导机型，与其他粉碎设备相比有明显的优势，代表了气流粉碎设备的主流方向。流化床气流粉碎机的工作原理是：压缩空气经过冷却、过滤、干燥后，经二维或三维设置的数个喷嘴喷汇形成超音速气流射入粉碎室，利用气流冲击能使物料呈流态化，被加速的物料在数个喷嘴的喷射气流交汇点汇合，产生剧烈的冲击、碰撞、摩擦而粉碎。流化床气流粉碎机将传统大的气流磨的线、面冲击粉碎转变为空间立体冲击粉碎，并将对喷冲击所产生的高速射流能利用于粉碎室的物料流动中，使粉碎室内产生类似于流态化的气固粉碎和分级循环流动效果，提高了冲击粉碎效率和能量利用率。流化床气流粉碎机的粉碎方式以冲击粉碎为主、研磨/磨削为辅。

（五）行星球磨机

行星球磨机的工作原理是：皮带或者齿轮传动，通过自转和公转的运动使介质产生冲击、摩擦力而粉碎物料。行星球磨机的运行过程主要分为抛落和非抛落状态。在抛落过程中，加速度大，冲击粉碎力大，研磨体对物料产生冲击作用，此时的粉碎方式为冲击粉碎；在非抛落状态时，研磨体的挤压力较大，此时磨筒内研磨体在正反回转速度产生的离心力作用下形成巨大的剪切力和摩擦力，粉碎物料在研磨体之间受到相对缓慢的挤压力，此时的粉碎方式为挤压粉碎。由此，行星球磨机的粉碎方式以冲击粉碎为主、挤压粉碎为辅。

（六）搅拌磨

搅拌磨主要是通过搅拌器搅动介质产生摩擦、剪切和少量冲击作用而粉碎物料的，不仅有研磨作用，而且具有搅拌和分散作用。搅拌磨的工作原理是：在搅拌器的搅动下，研磨介质与物料的多维循环运动使得物料在磨筒里上下左右剧烈运动而粉碎。在此过程中主要发生的是介质和物料之间的摩擦，此时主要的粉碎方式为研磨/磨削；而在上下左右运动的过程中物料之间也会有相互冲击作用。由此，搅拌磨的粉碎方式以研磨/磨削为主、冲击粉碎为辅。

四、粉碎过程特征及协同强化技术研究现状

矿石的力学性能决定着粉碎的本质，其物理性质中的硬度、脆性、弹性、韧性等不仅直接关系到矿石受力后的变形情况，也直接反映了矿石粉碎的难易程度。

鲍克伟[47]对球磨机的粉碎机理进行了研究，提出了粒子的数量平衡模型，指出粒子的粉碎速率由产物粒子的粉碎量决定。

郑水林[48]提出了粉碎的难易程度与颗粒表面能的大小密切相关，表面能越大，粉碎过程的临界粉碎应力越大，需要的能量输入就越多。

Onno 等[49]在气流粉碎过程中缺陷和结晶性能对颗粒粉碎影响的研究中指出，颗粒本身预先存在裂纹以及不同颗粒的机械性能不同，影响其在粉碎过程中的行为，得出粒子的粉碎率是颗粒尺寸大小的函数，裂纹数量对粉碎过程的影响大于裂纹长度的影响。

Sadrai 等[50]通过测量颗粒的表面粗糙度以及表面积来量化粉碎过程中能量的分布，主

要应用于两个方面：一方面用于破裂力学；另一方面用于颗粒粒度减小产生新的表面积，高的冲击速度可以产生高的应变率从而提高粉碎效率和颗粒的解离程度。

通常，碎矿和磨矿的投资占全厂总投资的 50%～75%，电耗也占到整个分选过程电耗的 50%～60%，并且粉碎过程产品质量的高低直接影响后续选矿指标的高低。一般来讲，物料粒度越细，能耗就越高。因此，碎磨作业的增效降耗具有十分重要的现实意义。

近年来，为了解决碎矿与磨矿能耗较高的问题，一系列新型的外场协同技术被应用到粉碎的过程中。国内外针对外场协同粉碎技术的研究中，主要采用热力粉碎与局部淬冷的方式，其原理是利用矿物在温度变化时产生一定的相变、热力差，造成矿物表面裂纹增多，从而进一步提高矿石的粉碎特性。目前，有关热力粉碎的研究进一步发展成熟，一方面用于降低粉碎过程中的能耗，另一方面用于提高矿物的解离度。其中，微波辐射具有快速、高效、经济、不直接接触、选择性加热等优点，被广泛应用于工业、科学研究和医学的加工、干燥和加热中[51-55]。微波在矿物加工中的应用主要有：提高矿石的可磨性促进矿物解离，在热解和液化过程中提高液体和气体质量、焦油产率，在制备水煤浆过程中提高水煤浆浓度和流变性能以及褐煤脱水提质等[56-61]。物质对微波的吸收能力取决于其介电常数。微波处理可以实现不同矿物相的选择性加热，促进解离，进而减小能耗，提高磨矿效率。

Amankwah 等[62]发现微波处理有助于提高矿石的可磨性以及抗碎强度，其邦德磨矿功指数从 31.2%降到 18.5%，且不同矿物的加热速率不同，氧化铁的加热速率远远高于富含硅的矿物。

叶菁、Lester 等[63-65]也分别研究了微波对不同矿种磨矿过程的辅助作用，探讨了矿石解离以及微波辐射对矿石、煤强度的影响。

赵伟[66]利用微波搅拌球磨机探讨了微波对神府煤显微组分解离的促进作用。

Whittles 等[67]研究发现微波处理时间较短(1～5 s)对颗粒的应力强度影响较小，微波处理时间较长时(15～30 s)，颗粒的应力强度明显减小；微波能量对矿石的热机械粉碎影响很大，微波能量密度越高，矿石强度减小程度越大。

赵伟等[68]研究发现，微波辐射作用可以促使球磨作用下煤粒的粉碎，微波时间越长，细粒煤含量越多；微波预处理作用下黄铁矿的升温速率和能达到的最大温度随着微波功率的增大和颗粒尺寸的减小而增大。

付润泽[69]指出在持续的微波作用下晶界间的裂纹缝隙会不断扩展，强化了选择性磨矿作用，有利于磨矿的进行。

Scott 等[70]发现，微波选择性加热的过程中，热应力的不均衡容易发生在颗粒边界，从而导致粉碎沿着颗粒边界进行，从而提高矿物的解离度。

Sahoo 等[71]通过微波预处理的方式研究了煤的粉碎性质，结果表明微波能诱导热应力裂缝，使煤的结晶度增加，有利于提高煤的磨矿效率，且随着微波的辐射时间增加，微裂纹会越明显。

Samanli 等[72]在微波预处理对煤样磨矿性能影响的研究中发现，微波辐照预处理可能增加裂纹以及颗粒表面缺陷，从而很大程度地减小磨矿能量消耗；微波加热具有选择性，可以快速地加热特定相，如果煤中有大量的微波吸收因素，就意味着材料很容易被微波加热；煤中的水分对于裂纹的形成具有很大的意义，一方面会使裂纹率增加，另一方面因为结构中水分由液相变为气相，会产生热应力诱导裂纹。

Amankwah 和 Binner 等[73,74]发现微波可以快速地渗透材料并且直接在材料内部沉积能量，有助于提高矿石的可磨性。

Li 等[75]研究发现，微波可以提供一个均匀的加热场，微晶能够均匀地生长，使煤的结晶度增加，且微波能诱导热应力裂缝，有利于提高煤的磨矿效率。

Wang 等[76]研究了微波辐射下裂纹产生的原因，主要是由于在热活性矿物和热惰性矿物中产生较大的局部应力，导致基质矿物产生热膨胀应力，进而产生裂纹。导致热应力的原因主要有：颗粒的尺寸和基质矿物的热性质。

微波辅助粉碎过程中，矿石能快速将微波能量转化成热能，从而提高微波加热速率，且矿物能达到的最大温度随微波功率增大而增大[77-79]。在微波加热的情况下，颗粒内部主要产生的压力是挤压作用力，然而在界面外主要是剪切和拉应力占主导；随着颗粒粒度的减小，需要更大的能量来产生足够的热应力诱导颗粒表面产生裂纹。煤的介电常数随着矿物和水分含量的增加逐渐增大，在微波加热过程中，水由液态转向气态，然后从内部结构中逸出，可使煤粒产生微裂纹和小裂缝，从而极大地提高了煤样的可磨性。此外，微波辐射可以有效地扩大中孔和大孔，增强孔隙，但过大的微波功率将引起孔隙的破裂和烧蚀，从而减少比表面积和孔容。

综上所述，粉碎过程中能量的消耗主要分两部分：一部分用于产生新生面积，一部分用于热能的消耗。微波辐射能够诱导裂纹的产生。裂纹的产生有利于减少粉碎过程的能量消耗，提高粉碎效率。然而，煤显微组分解离的关键是促使组分沿着界面的边界粉碎而不是组分内部粉碎，这除了与粉碎条件和受力状况有关外，还直接与各组分的力学性质、界面的基本结构单元排列状况、各组分的界面性质及相互作用以及微裂隙发育等因素密切相关。目前关于微波场协同煤岩组分选择性粉碎作用过程及对应解离特征等研究仍鲜有报道。

第四节 西部煤炭资源的分质加工技术需求与挑战

我国西部地区富煤缺水，煤质特殊且优良。若采用传统的湿法分选工艺，虽然分选精度较高，但用水量较大，不符合西部地区的健康发展。干法分选技术无须水做介质，可以省去湿法选煤过程中的脱水干燥工艺，缩短分选工艺流程。在干法分选技术方面我国是最早使用并率先建成工业化示范厂的国家，并且一直处于国际领先的地位。但传统的干法分选技术精度低，尤其对入选原煤的粒度要求下限较高，尚不能实现全粒级分选。适用于细粒级物料，尤其是能适配以煤显微组分分质加工为特征的干法分选技术有待开发。与此同时，超细粉碎技术与分级技术联合工艺已经在金属矿和非金属矿的粉碎提纯方面得到广泛应用，取得了很好的应用效果，而将其应用在粉煤分选、提质方面的研究较少。

一、干法分选技术应用现状

对于煤的干法分选的研究始于 20 世纪初期，在此之后风力选煤在工业上得到了一定范围的应用。干法分选的工艺简单、省水等优点一直吸引着干法分选工业化的进程，尤其在一些干旱缺水的地区，但诸多的缺点又阻挠了干法分选大规模的工业应用，例如：分选精度低、设备可靠性差、单体设备处理量低、分选粒度局限性高、粉尘污染大等问题。煤的干法分选主要是基于煤与矸石在作用场中的物理性质差别进行分选的[80,81]。物理性质主要包括煤的密度、粒度、颗粒形状、杨氏模量、导磁性、导电性、辐射性、光泽度、摩擦因数等。风选、拣选、摩擦选、磁选、电选、X射线选、微波选、空气重介质流化床选煤等是常用的干法选煤方法,其中风选(风力摇床,风力跳汰)和空气重介质流化床选煤已应用于工业生产[82]。现阶段主要的三种干法分选技术如下。

(一) 复合式干法分选技术

当采用干法分选技术,分选介质为空气时难以实现低密度和密度相近物料的分选,因此,复合式干法分选技术主要用于易选煤的高密度排矸,且分选精度和分选效率均较低。FGX型复合式干选机和FX型风力摇床是国内主要使用的复合式干法分选设备,均适合于易选和中等可选性煤炭的初级分选[83-85]。为了达到细粒级原煤作为互生介质的作用效果,该分选方法对入料粒度有较高的要求,一般要求入料>0.5 mm且3~6 mm粒级煤的含量较高,同时煤中水分对分选效果影响较大[86,87]。

(二) 摩擦电选技术

摩擦电选技术是利用煤中矿物质与煤本身的介电常数和电导率差异实现物料分选的技术,该技术主要针对微细粒级物料。其主要原理为:微粉煤(−74 μm)在强气流携带下,进入摩擦带电器,与摩擦带电器表面以及物料相互之间进行强烈碰撞摩擦,煤与矿物质因介电常数和电导率差异而带上极性相反的电荷,在强电场中受电场力的作用各自向相反方向运动,从而实现有效分离。摩擦电选对物料的水分以及空气的湿度有严格的要求,阻碍了其工业化进程。

章新喜等通过摩擦电选技术对矿物质充分解离的微粉煤原煤进行了干法分选试验研究,实现灰分由约20%降至10.73%[88]。王海锋结合摩擦荷电荷质比试验数据,对煤和矿物质颗粒在静电场中的运动轨迹进行了模拟,同时对摩擦电选过程进行了动力学研究。该法适用于灰分较高的原煤降灰试验,不需要煤泥水处理系统,运行成本低,污染小,但处理量小,操作条件苛刻,目前处于前工业化研究阶段[89]。

(三) 流化床分选技术

气固流化床早在20世纪20年代就被应用于选煤等领域,主要形式有普通鼓泡流化床(6~50 mm)、振动流化床(1~6 mm)、磁稳定流化床(0.5~6 mm)等。流化床分选技术的工作原理是:通过混合流化床床面上升气体和具有一定粒度的加重质(如磁铁矿粉)形成浓相流化床床层,物料在流化床内依据阿基米德原理按密度分层,轻物(精煤)上浮,重物(尾煤)下沉,从而实现有效分选[90]。

目前用于6~50 mm粗粒级煤分选的空气重介质流化床属于鼓泡床,由于气泡的存在而引起固体加重质有一定程度的返混,所以分选粒度下限较高,无法满足小于6 mm煤炭的高效分选要求。中国矿业大学使用振动流化床对小于6 mm的易选煤的分选技术进行了一定的基础研究工作,其研究的分选下限可达到0.5 mm[81];同时认为1~6 mm细粒煤在磁稳定流化床中进行低密度分选是可行的。但总体来讲,振动流化床和磁稳定流化床在矿物加工领域尤其是煤炭分选领域的研究和应用还不完全成熟。另外,在工业性分选试验过程中,所用重介质还暴露出粒级较窄、制备困难、稳定性差、成本较高等问题[91,92]。

二、超细粉碎与分级技术的起源与发展

（一）超细粉碎技术的起源

随着现代高新技术和新材料产业的迅速发展，传统产业的进步和产品升级对粉体材料的要求逐渐增高，如限定的粒度分布、特定的颗粒形状、较高的纯度等，特别是在高档颜料、润滑材料、食品、药品等方面。基于以上诸方面的需求，超细粉碎技术应运而生[93]，其涉及矿业、冶金、机械、农业、橡胶、塑料、造纸、印刷、化工、制药、食品、颜料、能源、电子、建材、陶瓷、环保等多个领域。目前，在超细粉碎技术和设备研制方面具备较高水平的国家有日本、美国、德国和英国等。我国以超细粉碎与分级为基础的深加工技术始于20世纪40年代，并在60年代得到了快速发展。虽然在该领域内的研发起步较晚，但通过近些年的努力，我国部分超细粉碎技术和设备达到了国际领先水平。

超细粉碎按制备的性质分为物理法和化学法，但实际生产中主要有机械粉碎法和化学合成法。其中化学合成法工艺复杂、成本高、产量低，难以用于工业化生产，只在少量有特殊要求的工艺或实验室中才会使用；机械粉碎法工艺简单、相对成本低、产量高，产生的机械力化学作用还能改良物料性能，应用较广，占据工业化超细粉体制备的大部分。

（二）干法超细粉碎工艺及设备[93,94]

超细粉碎设备的类型有很多，选型时应该充分考虑原料的性质（密度、硬度、黏性、水分）以及所需产品的粒度、粒径分布、产品价值等。现阶段常用的超细粉碎设备有气流粉碎机、高速机械冲击磨、搅拌球磨机、砂磨机、振动球磨机、旋转桶式球磨机、行星式球磨机、旋风自磨机等。其中，气流粉碎机是最常用的超细粉碎设备，它以冲击粉碎为主，高速气流赋予颗粒以极高的速度，使其相互碰撞，或者与固定板冲击碰撞。气流粉碎的冲击表现为自由冲击，其粉碎作用力除了冲击力外，还有部分摩擦力和剪切力。气流粉碎机广泛应用于非金属矿物及化工原料、药品、食品等加工领域的超细粉碎，气流粉碎产品具有粒度分布窄、颗粒表面光滑、形状规则、纯度高、活性大等特点。

干法超细粉碎工艺是一种广泛应用于硬脆性物料的超细粉碎工艺。干法超细粉碎工艺具有工艺简单，在生产干粉时无须设置后续过滤、干燥等脱水工艺，便于操作，容易实现自动控制，运费低等特点。干法超细粉碎工艺中影响产品质量的因素主要有：物料性质、处理量、进料粒度、原料粒度分布、气体工作压力、单一物料和混合料等。

1. 常温气流粉碎工艺

该工艺的主要设备有气流粉碎机、空气压缩机、冷却器、油水分离器、储气罐、过滤器、旋风分离器、布袋除尘器等。针对入料的特点可适当增删部分工艺操作单元。

2. 低温深冷气流粉碎工艺

对于某些低熔点或热敏性物料，需要低温空气，这时就需要增设空气冷却器或液氮系统。低温深冷气流粉碎工艺主要由氮气压缩机、液氮贮槽、预冷料仓、液氮汽化器、气流粉碎机、防爆除尘器等组成。

3. 惰性气体气流粉碎工艺

该工艺主要由气体压缩机、储气罐、料仓、气流粉碎机、旋风分离器、除尘器等组成，可采用氮气、氦气、氩气、二氧化碳等作为粉碎介质，适于易燃、易爆、易氧化物料的超细粉碎。

4. 过热蒸汽气流粉碎工艺

过热蒸汽气流粉碎工艺是以过热蒸汽作为粉碎介质，在整个粉碎、分级、收集系统中将蒸汽保持在过热状态下对物料进行超微加工。

5. 机械冲击磨超细粉碎工艺

机械冲击式超细粉碎机在超细粉碎工艺上有开路粉碎、闭路粉碎以及开路-分级组合等几种典型配置。开路式粉碎与微细分级组合的粉碎工艺流程特点是：虽然在粉碎之后设置了微细分级设备，但是它独立的引风系统和收集装置不像闭路工艺与粉碎机共用一引风机。

6. 介质研磨超细粉碎工艺

（1）球磨机超细粉碎工艺

球磨机与精细分级机构成的闭路作业，循环负荷率高达300%～500%，因此，物料在磨机内停留的时间短，合格细粒级物料可以及时分离，避免了物料过粉碎以及由于过粉碎导致细粒物料团聚和粉碎能耗增大。一台球磨机后设置多台分级机，可以生产出具有不同粒度分布的产品。

（2）搅拌磨超细粉碎工艺

搅拌磨超细粉碎工艺主要由给料机、搅拌磨、研磨介质添加与分离装置、集料和收尘装置、引风机等组成。影响干式搅拌磨超细粉碎产品细度和产量的主要因素有：研磨介质的密度、直径以及填充率、物料停留时间、搅拌磨转速、分级机性能等。

（3）振动磨超细粉碎工艺

振动磨超细粉碎工艺的主要粉碎设备是振动磨，物料经过分级机进行分级，粗粒返回振动磨，细粒进入旋风收集器和布袋除尘器[93]。振动磨是利用研磨介质（球头、柱状、棒状）在高频振动的筒体内对物料进行冲击、摩擦、剪切等作用使物料粉碎的超细粉碎设备。振动磨是通过介质与原料一起振动将物料进行粉碎的，这是振动磨与球磨机的一大区别[95]。

（三）分级技术研究现状

分级技术是获得较好分选合格产品的重要环节，产品性能好坏取决于临界分级点的设计。从20世纪80年代开始，日本、德国、美国等国家就开始了超细粉碎分级技术的研究，取得了很大的进步。粉体的精细分级（分级范围0.1～50 μm）是现代粉体技术的重要组成部分，精细分级技术的进步可以减少超细粉碎作业矿物过磨，大大提高了超细粉碎的效率。

1. 分级技术的分类

精细分级主要分为湿法和干法两种。湿法分级主要利用成品矿物质与介质水混合物在离心力场、重力场中运动，促使不同粒径的矿物分布在不同半径区域，进而实现矿物质的有效分离。国内外使用的湿法分级设备主要有小旋流器组、离心沉降式分级机等，其对超细物料分级效果相对较差，分级后物料的分散性不好，精度有待于进一步提升。干法精细分级技术又可以分为静态分级技术和动态分级技术，是目前超细粉碎分级的主要方法之一。相比湿法分级技术，干法分级使用的介质为空气（或其他气体），成本较低。随着干法精细分级技术的迅速发展，新型干法超细粉碎精细分级系统很好地解决了传统干法分级技术的弊端，即容易造成粉尘污染、分级精度不够高等[96]。干法精细分级代表设备有日本小野田公司研制的O-Sepa高效选粉机、丹麦的Sepax型高效分级机以及德国的Sepmaster S. K. S和Sepal型分级机等[97]。

2. 干法分级原理

干法分级设备(2～2 000 μm)的主要部件由涡轮分级轮、分级腔体、入料口、出料口、二次风口等组成。分级物料由流动空气携带以一定速度进入分级机腔体，在重力和惯性力及气流的作用下，物料粒子分散在分级腔体中，细粒级物料由空气介质携带靠近分级轮并通过分级轮，粗粒级物料由于自身惯性力较大，无法通过分级轮，从而实现粗细物料的有效分离。粒度切割大小主要由物料性质、分级机转速以及气流压力决定。精细分级技术的先进性主要体现在物料分级的粒度切割粒径更细，精度更高。

为满足分级产品的超细化、窄分布和大批量生产的要求，需要在现有超细粉碎设备基础上完善工艺配套，开发分级粒度细、精度高、处理能力大、单位产品能耗低、磨耗小、效率高的超细粉碎-分级工艺，目前国内外专注于超细粉碎-分级工艺优化设计的研究较少，我国亟待在基于大型超细粉碎设备和大型、窄级别精细分级设备的工艺设计方面获得突破。

（四）超细粉碎技术的应用与实践[94]

超细粉碎技术的工业化应用几乎涵盖国民经济的方方面面，以下只做简单概述。

1. 金属与非金属矿的超细磨矿[98]

金矿被黄铁矿包裹，以显微金或者固溶体形式存在于金矿石中，提金的关键在于破坏黄铁矿的包裹，使金充分解离得以暴露；采用超细磨矿设备(立式螺旋搅拌磨机)可提高金的磨矿效率和金的回收率。造纸所用的原料是超细粉体，尤其是一些白色非金属矿物，例如碳酸钙、高岭土、滑石等，其粒度要求<10 μm 或者<5 μm。利用超细粉碎技术加工重钙、硅灰石、滑石、伊利石等所得的粉体可作为塑料、橡胶工业的填料。

2. 高级陶瓷和陶瓷釉料[93,94]

高级陶瓷被称为继金属材料和高分子材料后的第三大材料。高级陶瓷对原料的粒度要求很高，原料粒度越细，材料的烧成温度越低，强度和韧性就越高，其理想粒度是亚微米级。高级陶瓷釉料要求不含大于 15 μm 的颗粒，粒度细而均匀的釉面可以使得制品的釉面光滑平坦，光泽度高。

3. 电子信息原(材)料[94]

显像管是现代微电子和信息产业的重要器件，随着电子尖端技术的发展，各种电子元件趋小型化或超小型化，对应粒径<0.5 μm 的超细贵金属粉的加工受到关注。此外，磁记录介质、复印粉、打印墨粉等对颗粒粒度和粒径分布范围均具有较高要求。

4. 超细高炉水淬渣、超细水泥[98]

高炉矿渣是一种工业废料，经过高温烧结后具有较高的活性，可用作水泥的混合材料，随着高强混凝土用量的增多，已有采用高炉矿渣微粉代替硅灰的应用。超细水泥有很强的流动性，可用于水坝的裂缝补强。

5. 高聚物基复合材料[94]

一些非金属超细矿物粉体常被用来制备塑料、橡胶、胶黏剂等高聚物基复合材料，例如碳酸钙、云母、石英、氧化铝、氢氧化铝、氢氧化镁等。这些工业矿物填料的重要质量指标之一就是粒度大小和粒度分布。在一定范围内，填料的粒度越细，级配越好，其填充和补强性能越好。

6. 油漆涂料[94]

高档油漆涂料及特种功能涂料也是非金属和金属超细粉体的主要应用领域之一。超细钛白粉、氧化铁红等颜料的生产都需要超细研磨，常用的设备有砂磨机、球磨机和搅拌磨机等。

7. 耐火材料及保温隔热材料

矿物原料的粒度大小和粒度分布直接影响耐火材料及保温隔热材料的烧成温度、显微结构、机械强度和密度。对于同一种原料，粒度越细烧成温度越低，制品的机械强度越高。一般原料的粒度要控制在 0.1～10 μm 的范围内。

8. 生物技术、食品和药品[98]

药品细度的提高、比表面积增大可有助于其生物、生理活性的提高，改进临床的应用效果。采用气流粉碎机粉碎花粉可使得花粉的破壁率达到 99%，有助于生产出高附加值的营养花粉。

9. 精细磨料和研磨抛光剂

超细粉碎技术也可用于制备精细磨料和研磨抛光剂，如碳化硅、金刚砂、石英、蛋白石、硅藻土、金刚石等。

三、基于煤显微组分分选的干法分质加工技术设想

随着我国煤炭资源精细高质化利用的进一步开展，煤炭资源利用途径的研究逐渐由宏观转向微观。综前所述，高效的显微组分干法分质加工技术对适配于我国煤炭开发战略西移具有积极的效果。结合现有的干法分选与显微组分分选等技术分析，两者均对原料的粒度条件要求较为苛刻。由此，在此基础上克服现行干法分选局限，突破显微组分的解离粒度要求，实现适配于煤显微组分解离、分选需求的高效干法分选技术研发就显得尤为必要。

如前所述，煤显微组分分选的前提是对其进行有效的粉碎解离。不同粉碎设备各有优缺点，其粉碎方式不尽相同。粉碎方式对物料的粉碎特性和解离效果将产生直接影响。目前，针对煤岩组分的粉碎特性研究，尤其是不同粉碎方式作用下的煤岩组分粉碎解离特性的系统研究仍相对较少，且较为零散。由此，探讨适配于煤岩组分有效解离的粉碎方式在实现降能提效方面就显得十分必要。

超细粉碎设备可以将嵌布粒度较细的有机显微组分以及矿物质粉碎并充分解离，为实现分选奠定基础。借鉴其在金属和非金属粉碎提纯方面的应用效果，超细粉碎与分级技术的结合可以有效实现物料的分质作用。若将这一技术成功应用于煤炭分质加工中，将有效拓宽煤的洁净利用途径。

对干法分选技术的发展而言，如果干法分选技术能够在细粒煤提质领域中得到应用，那么将大大简化煤精细加工工艺系统，提高分选精度，减少工程投资，可节约用水和缓解缺水地区的矛盾；并可省去湿法分选工艺中复杂而庞大的煤泥水处理系统，消除煤泥水的污染等。

对洁净煤技术的发展而言，将煤的超细分级加工与干法分选有机结合，一方面可以带动我国乃至国际选煤技术向高精度、高效率发展方向迈出更新一步；另一方面还可以有效地克服我国煤炭原生灰分普遍偏高的问题，满足高质量煤炭产品，特别是高质量焦炭产品生产和以煤代油的需要，使下游工程能更好地发挥作用。

对煤炭分质利用而言，将煤显微组分分离与干法分选结合，将有效带动煤炭分质多联产

的发展，极大促进我国西部煤炭资源高效高质化利用。由此在建立煤岩绿色分质分离技术体系，保障国家能源体系安全、持续发展的同时，为继续保持我国在煤岩组分性质和高效分选利用研究领域的国际领先地位提供理论和技术支撑。

第二章 传统典型粉碎作用下煤中组分的解离特性

第一节 矿物解离与 MLA 技术

一、矿物解离及其检测技术

有用矿物的充分解离是矿物加工过程的主要目的之一。不同矿物的硬度、嵌布形式、嵌布粒度大小等差异，导致了粉碎后颗粒粒度组成以及矿物解离度的不同，这将直接影响进一步分选以及深加工过程中目的矿物的回收率[99-102]。已有研究表明[103,104]，粉碎过程的能耗占整个选矿过程能耗的 50%以上。因此，选取合适的粉碎方式使得有用矿物以最少的能耗达到所需要的解离度和粒度要求至关重要[105]。多组分矿物颗粒的粉碎和解离是一个比较复杂的过程[106]，影响矿物解离的因素主要有：结晶粒度、矿物的颗粒形状、颗粒间的界面特征、颗粒界面结合强度、颗粒强度、共生矿物、矿物含量、矿石组成以及相对可磨度等。此外，还受外在条件的影响，例如磨矿细度、磨矿方法、分选方法[107]等。现阶段，关于不同粉碎设备、模拟过程及其他的控制手段对粉碎效果影响的研究已有较多报道[108]，但是针对不同粉碎作用方式对颗粒裂纹及其扩展形式的研究仍较少[109]。

目前，针对矿物颗粒解离以及矿物学特征的研究技术与方法主要有：MLA、XRD、SEM、EDS 等[110, 111]。Little 等[112]提出了一种基于 SEM-EDS 进行定量分析铬铁矿界面裂纹的方法；Devasahayam[113]采用 QEMSCAN 研究了澳大利亚锌矿颗粒粒度与矿物解离之间的关系，发现解离单体的粒度分布与二元、三元颗粒具有直接的联系；Leißner 等[114]提出利用 MLA 技术可以得到有关颗粒的组成以及粉碎表面的详细信息，这些信息可以作为评估有用矿物解离分选效率的依据，并将 MLA 分析数据成功应用于磁选的过程；Batchelor 等[115]采用 MLA 技术分析研究了斑岩铜矿的矿物学、颗粒尺寸、嵌布特性、矿石结构性质等；Greb 等[116]采用 MLA 技术系统研究了污泥中 P 的分布规律；Gräbner 等[117]采用 MLA 技术研究了高岭石的耐水性，且发现在对黏土矿物进行检测时 MLA 相较 XRD 有许多优点。此外还有诸多学者分别采用 MLA 技术研究了不同种类、结构的矿石中有用矿物的解离特性、矿物学模型、分选过程中目标矿物在不同粒径颗粒中的分布行为等[118-120]。

基于以上分析，MLA 技术是定量检测矿物宏观与微观性质的前沿技术和有效手段，近几年来被广泛应用于金属与非金属矿物解离度、粒度、元素赋存状态、相界面特征的研究[121-123]。然而，关于 MLA 技术应用于煤的解离特性以及定量表征粉碎机理的研究还鲜有报道。

二、MLA 技术原理简述

MLA 技术定量分析矿物解离特性的原理是：利用背散射电子图像分辨出颗粒之间的

矿物相,然后结合 XRD 分析精确地鉴定矿物,再通过现代图像分析技术进行数据的计算和处理,实现定量探究矿物的解离特性以及工艺矿物学研究参数的目的。MLA 仪器设备图见图 2-1。

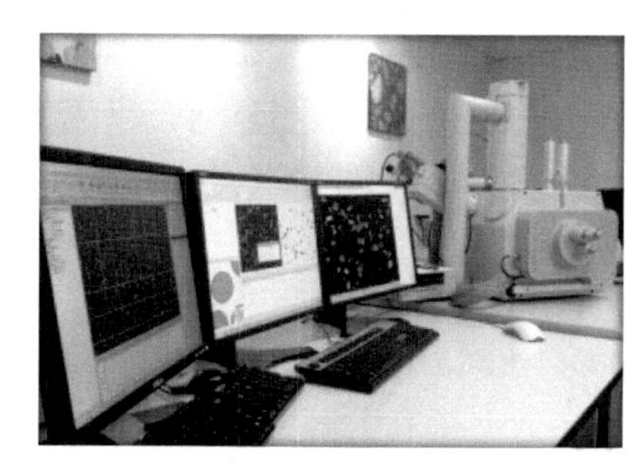

图 2-1　MLA 仪器设备图

在国内外学者对颗粒粉碎解离已有研究工作的基础上,归纳 MLA 分析中的相关术语如下[124]。

1. 颗粒和矿物相

颗粒通常指的是固体粒子。在选煤相关文献中将颗粒定义为:一种包含单相或者多相独立单元要素组成的 3D 碎片。图 2-2 展示了颗粒和矿物相之间的联系与区别。

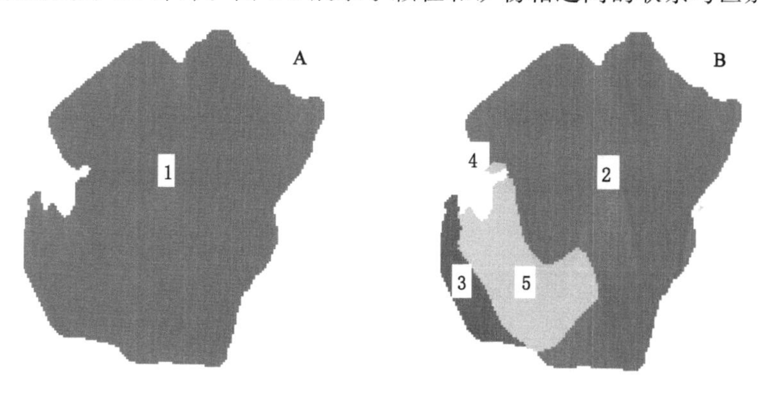

图 2-2　颗粒与矿物相之间的联系与区别

A 和 B 分别代表一个单独颗粒。1 代表一种单一的矿物,2、3、4、5 代表 B 颗粒里面的矿物单元,4 和 5 表示同一种矿物。但是由于 4 和 5 在颗粒中的分布不连续、相互不接触,因此属于矿物相,即同种矿物单元。一个颗粒群包含了很多矿物单元,即颗粒群包含有一个或者多个相同且不连续的矿物相。因此,矿物相被认为是连续的矿物域。

2. 截面

MLA 分析过程中将截面定义为:切割颗粒产生的一个随机平面。

3. 域

域的概念多用在计算机等领域,意为 Windows 网络中独立运行的单位。在 MLA 研究中,引入"域"的概念,定义为:一种仅包含有单一矿物相的 3D 单体。

4. 解离

在 MLA 研究中定义解离为:一个颗粒变成单相的状态。

5. 连生体

连生体指的是粉碎颗粒比单体更为复杂的存在状态。连生体的含量越多，则解离效果越差。

第二节　传统典型粉碎作用对解离特性的影响

一、原煤的基本性质

选取典型西部高惰质组煤——国家能源集团宁夏煤业有限责任公司羊场湾煤（简写为YCW）为代表性煤样作为研究对象，其工业分析和元素分析如表 2-1 所示，分析结果可知原煤碳及固定碳含量较高，硫分含量较低，煤质相对较优。

表 2-1　原煤(YCW)的工业分析和元素分析

煤种	工业分析/%				元素分析/%				
	A_{ad}	M_{ad}	V_{ad}	FC_{ad}	C_{ad}	H_{ad}	O_{ad}	N_{ad}	$S_{t,ad}$
YCW	11.84	6.93	30.72	50.51	65.80	3.29	11.05	0.30	0.79

二、试验设备及表征方法

以棒磨机和球磨机两种典型的粉碎设备为代表，研究常规典型粉碎方式作用下颗粒的解离特性。本研究所用的仪器及设备见表 2-2。

表 2-2　试验主要仪器及设备

仪器及设备名称	型　号	生产厂家
球磨机	XMGQ-Φ305×610	武汉探矿机械有限公司
棒磨机	XMB70-Φ132×150	武汉探矿机械有限公司
灰分测定仪	CTM500	中国矿业大学张洪研究所
库仑定硫仪	CTS3000B	中国矿业大学张洪研究所
矿物自动分析仪	MLA250	美国 FEI 公司
激光粒度仪	LS230	美国贝克曼库尔特有限公司

本研究中涉及的表征参量如下：

(1) 自由面(FS)及颗粒粒度

矿物嵌布和解离程度基于自由面进行定量表征[125]，自由面计算如图 2-3(a)(b)(c)所示，A、B 分别表示目标矿物和其他连生矿物。MLA 分析中，粒度测定基于等效圆直径(ECD)进行，如图 2-3(d)所示。此外，利用 LS230 型激光粒度仪辅助对粉碎产品进行粒度分布测定。

(2) 相比界面积($PSSA$)

相比界面积与矿物面积、矿物边界长度相关联，其计算公式如下所示。

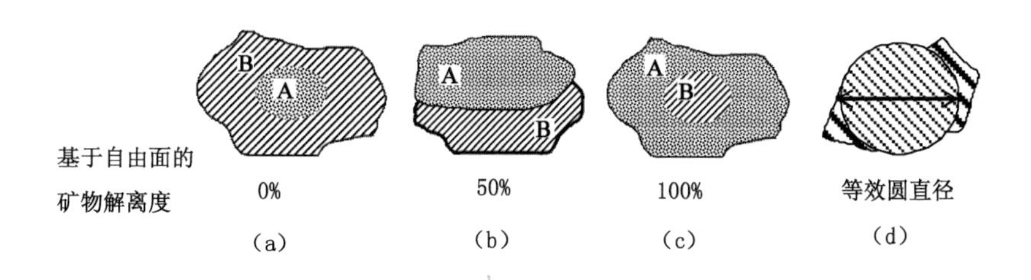

图 2-3　基于自由面的矿物解离度示意图及等效圆直径测定

$$PSSA = \frac{\text{矿物边界长度}}{\text{矿物面积}} \tag{2-1}$$

采用 $PSSA$、目标矿物的边界长度以及目标矿物的面积作为共同评价指标，其中矿物边界长度和矿物面积可由 MLA 自动检测得出。

(3) 相界面特征

相界面特征由 MLA 自动检测得出，表征粉碎产品中矿物的解离情况及存在形式，主要分为完全解离相（对应回收率表示为 $R_{\text{liberated}}$）、两相嵌布相（对应回收率表示为 R_{binary}）以及三相及以上嵌布相（对应回收率表示为 $R_{\text{ternary or greater}}$）。“相”是 MLA 彩色图像表现的最小单元，不同颜色代表不同的矿物相，一个颗粒可能由单一相或者多相组成，对应矿物相的回收率表示为 R_V。单个矿物的体积可以通过点分析（XMOD）或确定相面积（XBSE、GXMAP）来实现。体积百分比（面积百分比）可以通过乘以密度（即矿物数据库中添加的密度）并重新计算到 100%转换为质量百分比。

三、粉碎过程能耗与产品粒度特征

采用颚式破碎机将 YCW 粗碎至 −0.5 mm 后混匀，采用圆锥四分法缩分后分别采用球磨机和棒磨机干磨，其中球磨机的入料为 1 200 g，棒磨机的入料为 400 g。

图 2-4 为球磨机和棒磨机净能耗与磨矿产品粒度的关系。能耗的计算公式引自文献[126]，如下所示：

$$E_m = \frac{P \cdot t}{M} \tag{2-2}$$

式中，E_m 表示净能耗，kW·h/kg；P 为有用功率，kW；M 为球磨机和棒磨机的入料质量，kg；t 是磨矿时间，h。在磨矿过程中，电机输入能量的一部分用于颗粒粒度的减小产生新的表面，一部分用于其他磨矿过程中不必要的热能、化学能以及形成新的晶体结构消耗的能量[127]。图 2-4 中试验点的横坐标对应不同净能耗 0.46 kW·h/kg、0.62 kW·h/kg、0.77 kW·h/kg、0.92 kW·h/kg，各净能耗值则分别对应磨矿时间 30 min、40 min、50 min、60 min，即反映磨矿时间的影响。随着磨矿时间的变化，净能耗-粒度曲线所对应的斜率发生变化；斜率越大说明用于颗粒粒度减小产生新的表面的能量越多；在净能耗为 0.77 kW·h/kg（对应磨矿时间为 50 min）时，对应颗粒粒度减小最快。由此在后续的相关研究过程中，如无特别需求，则设定磨矿时间为 50 min。

图 2-5 所示为球磨和棒磨作用下产品的粒度分布曲线图。在研究范围内，随着磨矿时间增加，产品粒度减小。进一步分析可知：球磨作用下，YCW 对粉碎时间的响应程度较小，随着粉碎时间的增加颗粒粒度变化相对不明显，当磨矿时间增至 50 min，仍有 >100 μm 物

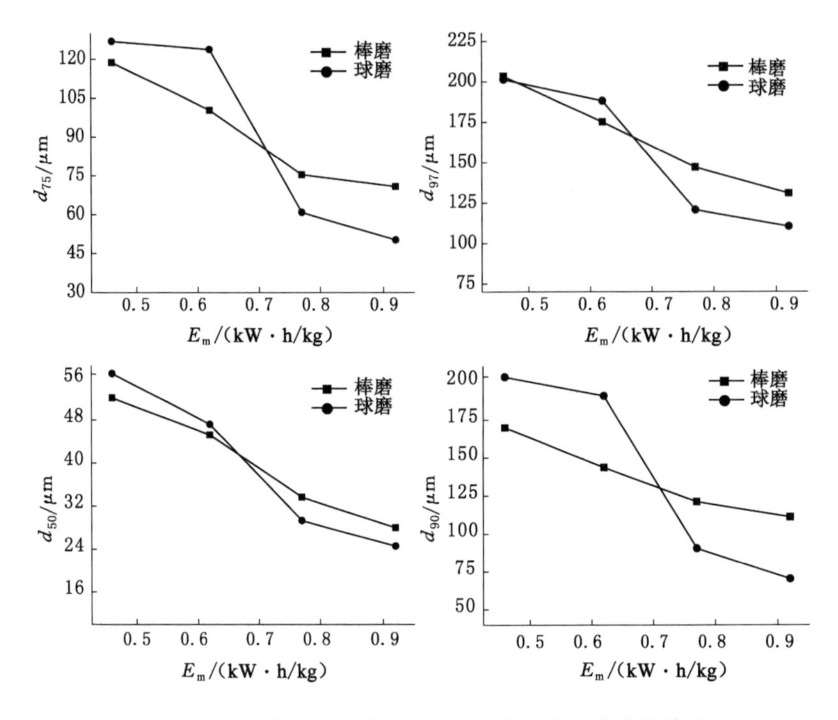

图 2-4　球磨机和棒磨机净能耗与磨矿产品粒度的关系

料存在;棒磨作用下,磨矿初期(30 min),粒度分布呈多峰分布,随着磨矿时间增加(50 min),粒度分布逐渐转向单峰分布。

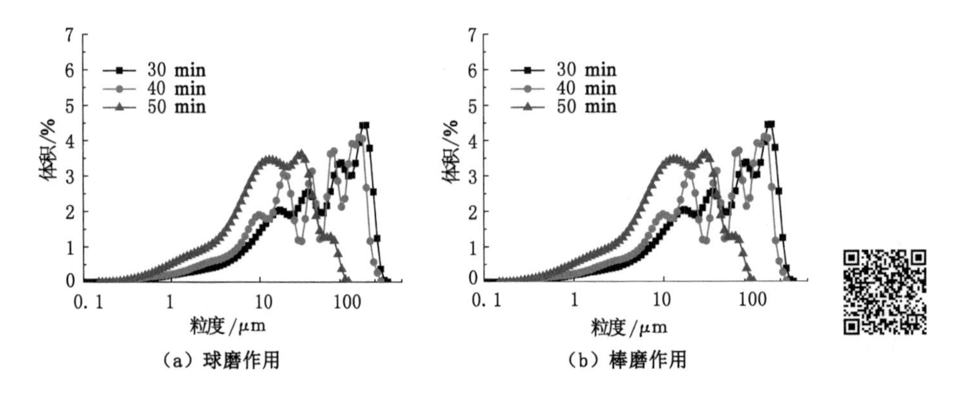

图 2-5　传统典型粉碎作用下产品的粒度分布曲线图(扫描右侧二维码可查看相应彩图)

图 2-6 所示为对应磨矿时间为 50 min 时棒磨和球磨作用下颗粒粒度与累计回收率的对应曲线。在试验范围内,经历相同的磨矿时间,球磨产品的粒度小于棒磨,即球磨作用下颗粒粒度分布更窄。由此宏观现象即可说明:粉碎方式不同可造成不同的粉碎粒度特征。

四、煤样中各组分的成分分析

传统典型粉碎作用下煤样中各组分的分布见图 2-7。A、B 分别代表棒磨和球磨作用下各组分的质量百分比含量分布,A1、B1 分别代表棒磨和球磨作用下各组分的面积百分比含

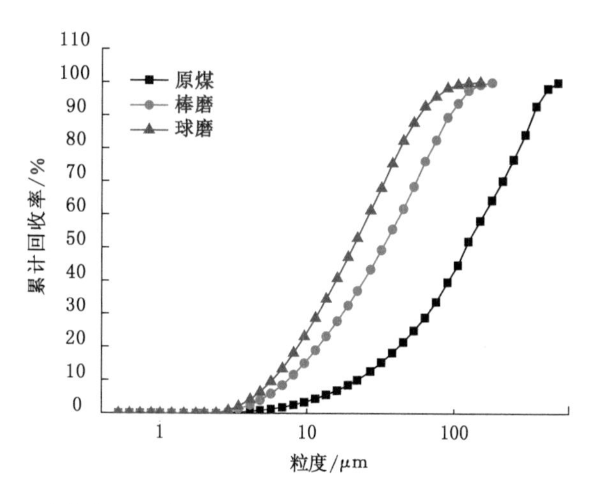

图 2-6　传统典型粉碎方式作用下颗粒粒度与累计回收率的对应曲线

量分布。综合分析可知:除了占主要占比的煤、含高岭石的煤以外,煤样中主要的矿物为方解石、黄铁矿、高岭石、伊利石、菱铁矿、石英等。需要特别说明的是:质量百分比含量出现偏差的原因,是由于该检测方法是基于自由面的测量,不同粉碎方式作用下,表面暴露的组分不同,因而换算所得含量会出现偏差。

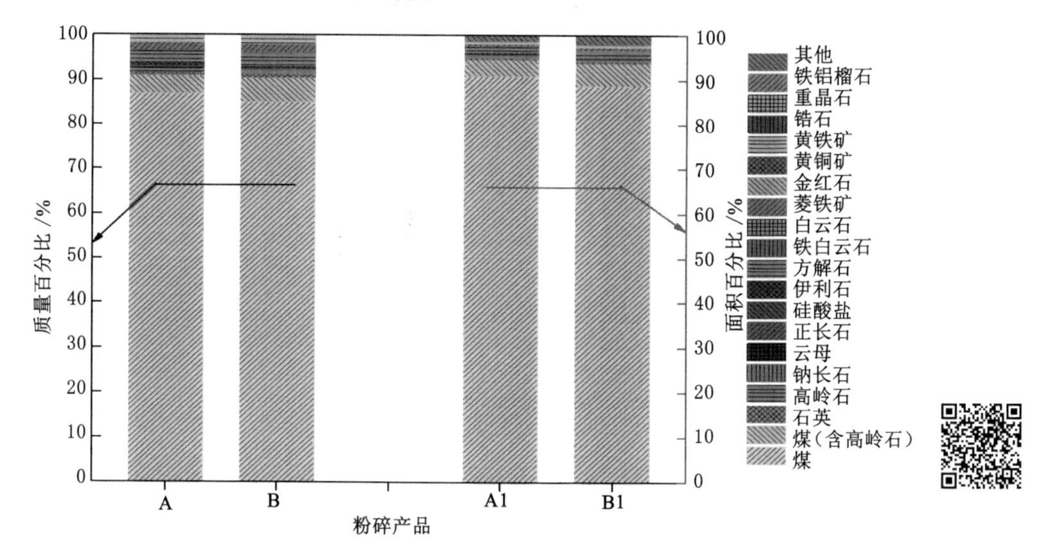

图 2-7　传统典型粉碎作用下煤样中各组分的分布(扫描右侧二维码可查看相应彩图)

煤样中典型矿物嵌布示意图见图 2-8。高岭石、方解石呈现明显的团块状嵌布,粒度为 10～70 μm;伊利石、云母呈现层状分布,且嵌布粒度较细,为 1～60 μm;黄铁矿、石英的嵌布粒度相对较大,为 30～150 μm。

五、自由面及相比界面积分析

图 2-9 为传统典型粉碎方式作用下煤中主要组分的自由面及相比界面积图,结合表 2-3 所示的棒磨和球磨作用下各组分的自由面和相比界面积值分析可知:不同的粉碎方式导致

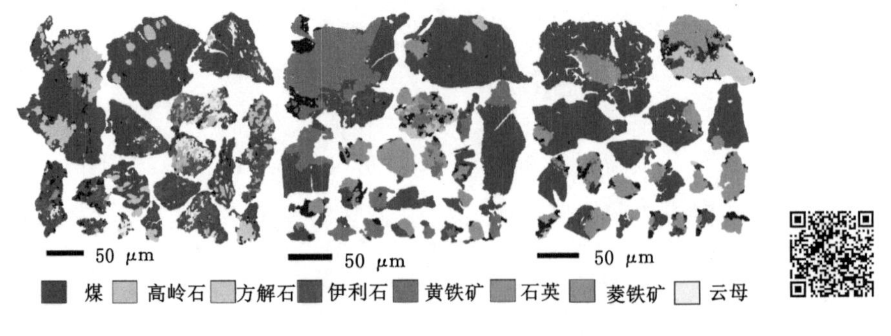

图 2-8　煤样中典型矿物嵌布示意图(扫描右侧二维码可查看相应彩图)

各组分的自由面变化出现差异。相对于棒磨,球磨作用下煤的 *FS* 和 *PSSA* 略大;主要矿物组分中黄铁矿、菱铁矿、石英对应的 *FS* 以及 *PSSA* 较大,而方解石和伊利石对应的 *FS* 较小,对应的 *PSSA* 则较大;高岭石对应的 *FS* 较大,而对应的 *PSSA* 相当。由此说明煤及其中主要矿物发生了不同形式和不同程度的解离,但是单一的参数(*FS* 或者 *PSSA*)并不能作为评价解离程度的标准。

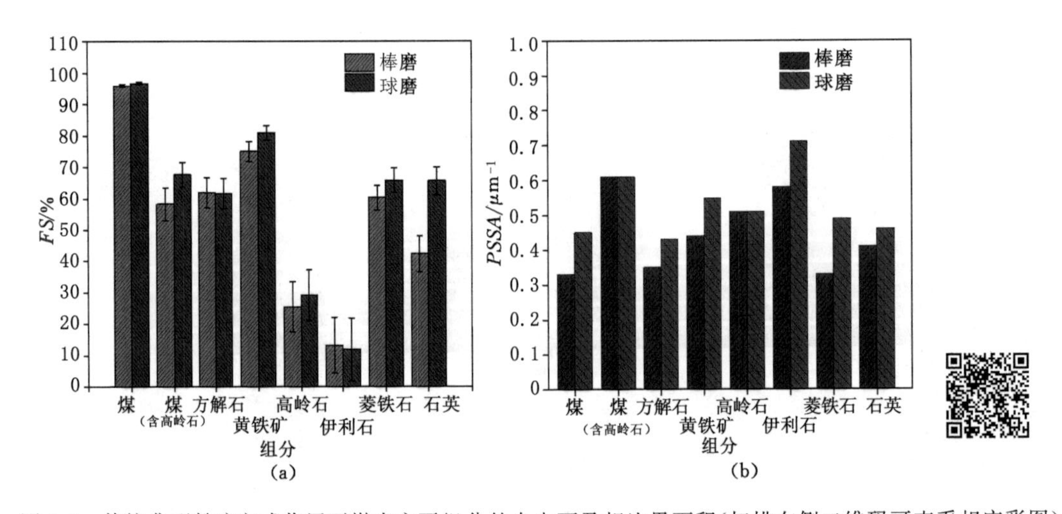

图 2-9　传统典型粉碎方式作用下煤中主要组分的自由面及相比界面积(扫描右侧二维码可查看相应彩图)

表 2-3　棒磨和球磨作用下各组分的自由面和相比界面积值

矿物	棒磨	球磨	棒磨	球磨
	FS/%		PSSA/μm^{-1}	
煤	96.01	96.71	0.33	0.45
煤(含高岭石)	58.23	67.61	0.61	0.61
石英	42.28	65.68	0.41	0.46
高岭石	25.43	29.20	0.51	0.51
伊利石	13.15	11.87	0.58	0.71
方解石	62.02	61.76	0.35	0.43
云母	10.18	8.19	0.90	0.99

表 2-3(续)

矿物	棒磨	球磨	棒磨	球磨
	FS/%		PSSA/μm^{-1}	
黄铁矿	75.00	80.96	0.44	0.55
菱铁矿	60.28	65.85	0.33	0.49
钠长石	41.27	31.43	0.50	0.60
正长石	47.18	46.38	0.37	0.30
硅酸盐矿物	28.32	37.89	0.49	0.91
铁白云石	32.07	38.81	0.50	0.73
白云石	34.89	24.84	0.53	0.78
金红石	35.77	19.83	0.79	1.41
黄铜矿	31.17	80.50	0.90	1.00
锆石	0	0	0	0
重晶石	48.51	70.54	0.47	0.71
铁铝榴石	49.30	40.09	0.89	0.87

六、相界面特征分析

图 2-10 所示为球磨和棒磨作用下煤及主要矿物的相界面特征图，其中横坐标代表颗粒的解离程度，分别指的是完全解离相、两相嵌布相、三相及以上嵌布相；纵坐标代表矿物相的回收率。对比分析可知：因为煤的含量较大，在棒磨和球磨作用下，完全解离的煤的回收率也最大，分别为 92.85%、92.33%。球磨作用下，黄铁矿和石英完全解离相的回收率明显大于对应的棒磨作用，分别为：80.53% 和 52.60%；完全解离的黄铁矿和石英的粒度约为 50 μm。菱铁矿在棒磨作用下，其完全解离相的回收率略大于对应的球磨作用，为 61.56%。在两种磨矿作用下，方解石对应完全解离相回收率的差异较小；高岭石主要呈现两相嵌布相以及三相及以上嵌布相分布；伊利石则在三相及以上嵌布相分布中回收率最大。由此，初步

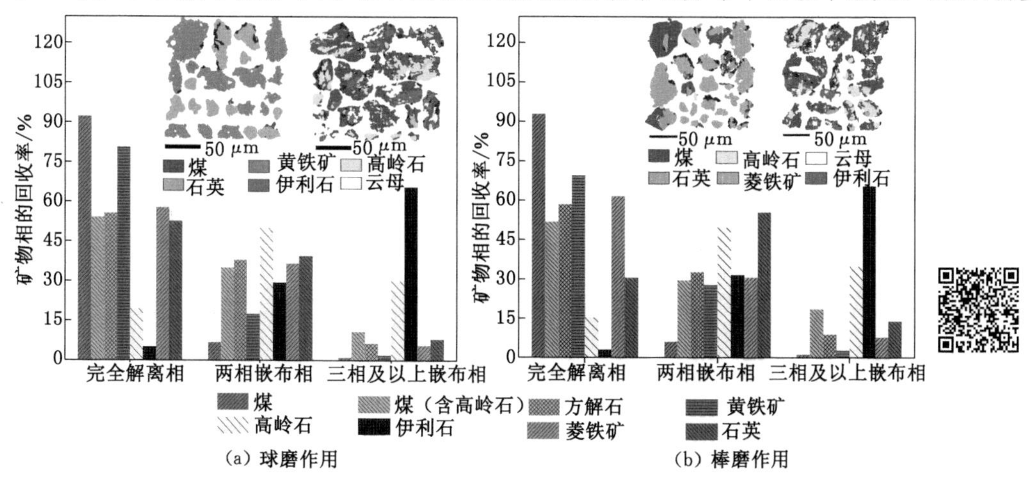

图 2-10　传统典型粉碎方式作用下煤及主要矿物的相界面特征图(扫描右侧二维码可查看相应彩图)

推测煤中各组分的解离程度对粉碎方式的响应程度不同。

基于以上分析，根据完全解离相的回收率初步将不同组分的解离程度划分为 5 个等级，即：易解离($R_{\text{liberated}}>80\%$)、中等解离($R_{\text{liberated}}=80\%\sim60\%$)、较难解离($R_{\text{liberated}}=60\%\sim40\%$)、难解离($R_{\text{liberated}}=40\%\sim20\%$)、极难解离($R_{\text{liberated}}<20\%$)。则基于前述分析，在球磨、棒磨作用下，高岭石和伊利石的解离度等级为极难解离。

球磨和棒磨作用下煤及主要矿物解离度与累计质量回收率(*CMR*)的关系如图 2-11 所示，其中 YM 代表原煤、RM 代表棒磨作用、BM 代表球磨作用。综合分析可知：球磨作用下，煤与主要矿物的解离程度较棒磨作用相对充分。对应粉碎产品中完全解离相的煤、煤(含高岭石)、石英、黄铁矿、高岭石、伊利石、菱铁矿的 *CMR* 从初级破碎(原煤)到棒磨、球磨依次增大；其中，煤、黄铁矿、石英在解离度等级为 100% 时对应的 *CMR*[以下简写为 $CMR_{(100\%)}$]增大幅度(从初级破碎到球磨)较大，分别为 25.19%、27.74%、32.46%，同时对应这三种组分完全解离相的回收率在球磨作用下也为最大。棒磨作用下，方解石的 $CMR_{(100\%)}$ 明显大于球磨作用，对应棒磨和球磨作用下，其 $CMR_{(100\%)}$ 分别为 20.77%，16.33%。伊利石对两种磨矿方式的响应没有明显规律，当解离度等级<45%时，对应 $CMR_{(原煤)}>CMR_{(棒磨)}>CMR_{(球磨)}$；当解离度等级为 45%～70% 时，对应 $CMR_{(棒磨)}>CMR_{(球磨)}>CMR_{(原煤)}$。高岭石在解离度等级 45%～100% 范围内，对应 $CMR_{(球磨)}>CMR_{(棒磨)}$；当解离度等级<45%时，在不同磨矿方式作用下其对应 *CMR* 出现波动。

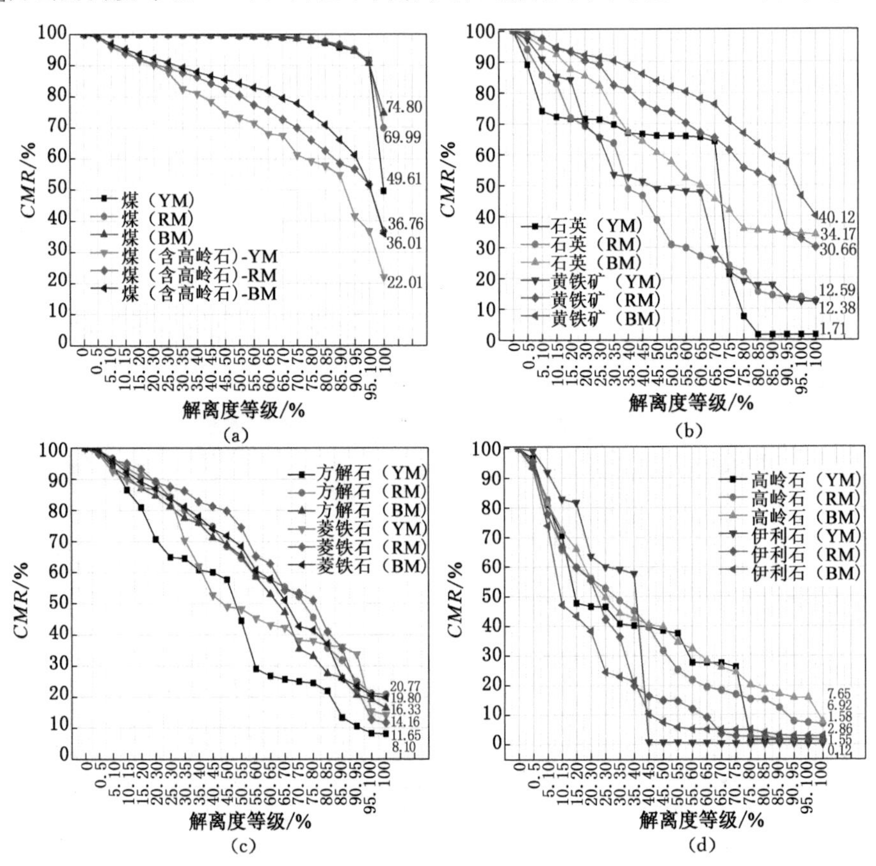

图 2-11　煤及主要矿物的解离度与 *CMR* 关系图

第三节　煤中矿物及显微组分解离特性的 MLA 研究

一、煤与矿物解离特征分析

图 2-12 和图 2-13 所示分别为原煤(YCW)和经磨矿所得产品的 MLA 分析图,其中

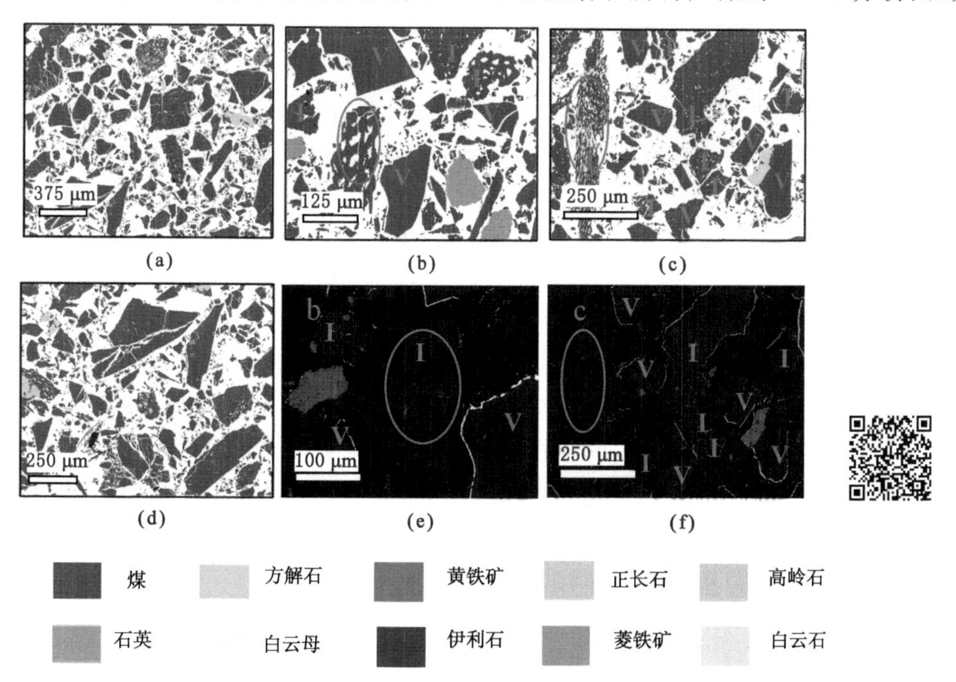

图 2-12　原煤(YCW)的 MLA 分析图(扫描右侧二维码可查看相应彩图)

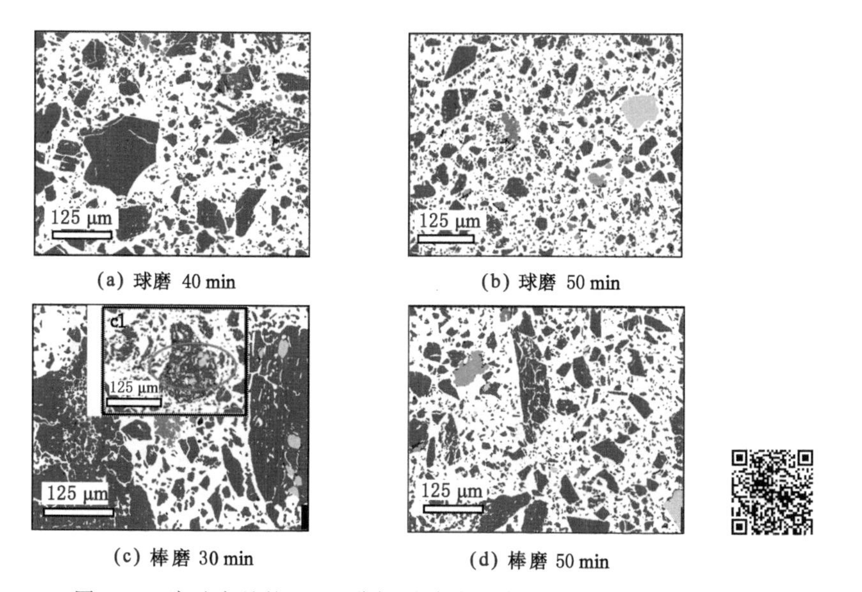

图 2-13　磨矿产品的 MLA 分析图(扫描右侧二维码可查看相应彩图)

图 2-12(a)(b)(c)(d)为原煤的 MLA 分析图像,图 2-12(e)(f)为原煤的背散射图像。原煤中伊利石、云母呈层状以及点状嵌布,石英、高岭石、黄铁矿呈团块状嵌布。原煤表面呈现波状木纹条纹纹理[图 2-12(c)]以及典型的对称蜂窝状结构,胞腔内充填有石英、方解石等矿物[图 2-12(b)]。磨矿作用促进矿物逐渐解离:经球磨 40 min[图 2-13(a)]和棒磨 30 min[图 2-13(c)]作用,黄铁矿、石英基本解离,大颗粒中的高岭石部分解离,部分微细高岭石出现团聚现象[如图 2-13(c)(c1)],而云母和伊利石嵌布粒度较细不易解离;当磨矿时间达到 50 min 时[图 2-13(b)(d)],矿物基本解离完全,存在极少数的连生体。

图 2-14 为传统典型粉碎作用下主要矿物的解离度与 *CMR* 关系图。整体分析可知:煤的解离度明显高于其他矿物,即不同磨矿方式作用下,含量高的矿物比含量低的矿物总会有更多的单体。由于成分占比较大,因此由解离度所反映的煤对粉碎方式的响应较小。随着磨矿时间的增加,煤在解离度等级 0～90%范围内对应的 *CMR* 变化甚微;在解离度等级 90%～100%范围内略有响应。煤的解离对球磨作用响应相对较大,*CMR* 随磨矿时间的增加而逐渐增加,当球磨 50 min 对应完全解离时,*CMR* 可达 74.80%。

煤中分布的主要矿物,对磨矿作用的响应各不相同。具体表现如下:

石英的嵌布粒度相对较大,经过初级破碎即会使其一部分大颗粒发生解离,并以相对较小的单体颗粒存在,此时约有 65%以上的石英解离度等级基本处于 70%以内。在此解离度等级范围内,磨矿的主要效果为实现 *CMR* 的迁移,即磨矿作用促使物料从高解离度等级迁移至低解离度等级。磨矿作用对解离度等级>70%物料的增加有明显的促进作用。石英对棒磨时间的响应较球磨明显:棒磨作用下其 $CMR_{(50\ min)}<CMR_{(30\ min)}$。石英对球磨方式的响应则较为明显,其对应 $CMR_{(100\%)}$ 可达 34.48%,而其棒磨方式对应 $CMR_{(100\%)}$ 仅为 25.84%。

高岭石对两种磨矿作用的响应程度类似。在解离度等级≤75%范围内,随磨矿时间增加,*CMR* 表现出先减小后增大的趋势。磨矿初期整体颗粒粒度迅速减小,高岭石因硬度较小首先被粉碎成微细颗粒;随着磨矿的进行,高岭石发生团聚且易被其他细粒矿物(如煤等)包裹[图 2-13(c1)],导致其解离度减小,表现为相同解离度等级下其 $CMR_{(40\ min)}<CMR_{(0\ min)}$(球磨)、$CMR_{(30\ min)}<CMR_{(0\ min)}$(棒磨);随着磨矿时间继续增加(50 min),这种团聚被打散,高岭石单体又被暴露出来,对应解离度增大,表现为相同解离度等级下其 $CMR_{(50\ min)}>CMR_{(40\ min)}$(球磨)、$CMR_{(50\ min)}>CMR_{(30\ min)}$(棒磨)。但在解离度等级>75%范围内,两种磨矿作用均使得 *CMR* 增加。此时磨矿时间的增加有利于嵌布较细较难解离的颗粒逐渐暴露出来。

云母对磨矿作用的响应主要表现为对磨矿时间的响应,这种响应在解离度等级为 15%之后显现,在解离度等级大于 60%后逐渐减弱并趋于平稳。在响应区间内:球磨初期冲击作用较强,云母碎裂并非沿层界面结合面进行,但是也会产生一部分单体,表现为其对应 $CMR_{(0\ min)}<CMR_{(40\ min)}$;随着颗粒粒度减小,冲击作用减弱,磨削作用占主导,粒度嵌布较细的连生体增多,此时的磨削作用并不能使这部分由随机破裂产生的连生体很好地解离,表现为其对应 $CMR_{(50\ min)}<CMR_{(40\ min)}$。棒磨的挤压作用有利于云母沿着其嵌布层面平行裂开解离为单体,表现为随着磨矿时间的增加,其对应 $CMR_{(0\ min)}<CMR_{(30\ min)}<CMR_{(50\ min)}$。

黄铁矿对球磨时间的响应强于棒磨,主要体现在:在球磨作用下,解离度等级>55%对应的响应程度更明显,其 $CMR_{(0\ min)}<CMR_{(40\ min)}<CMR_{(50\ min)}$。在机械力的作用下黄铁矿更易表现出高的反应活性。球磨冲击作用较强,可在较高的解离度范围内打破表面能量的

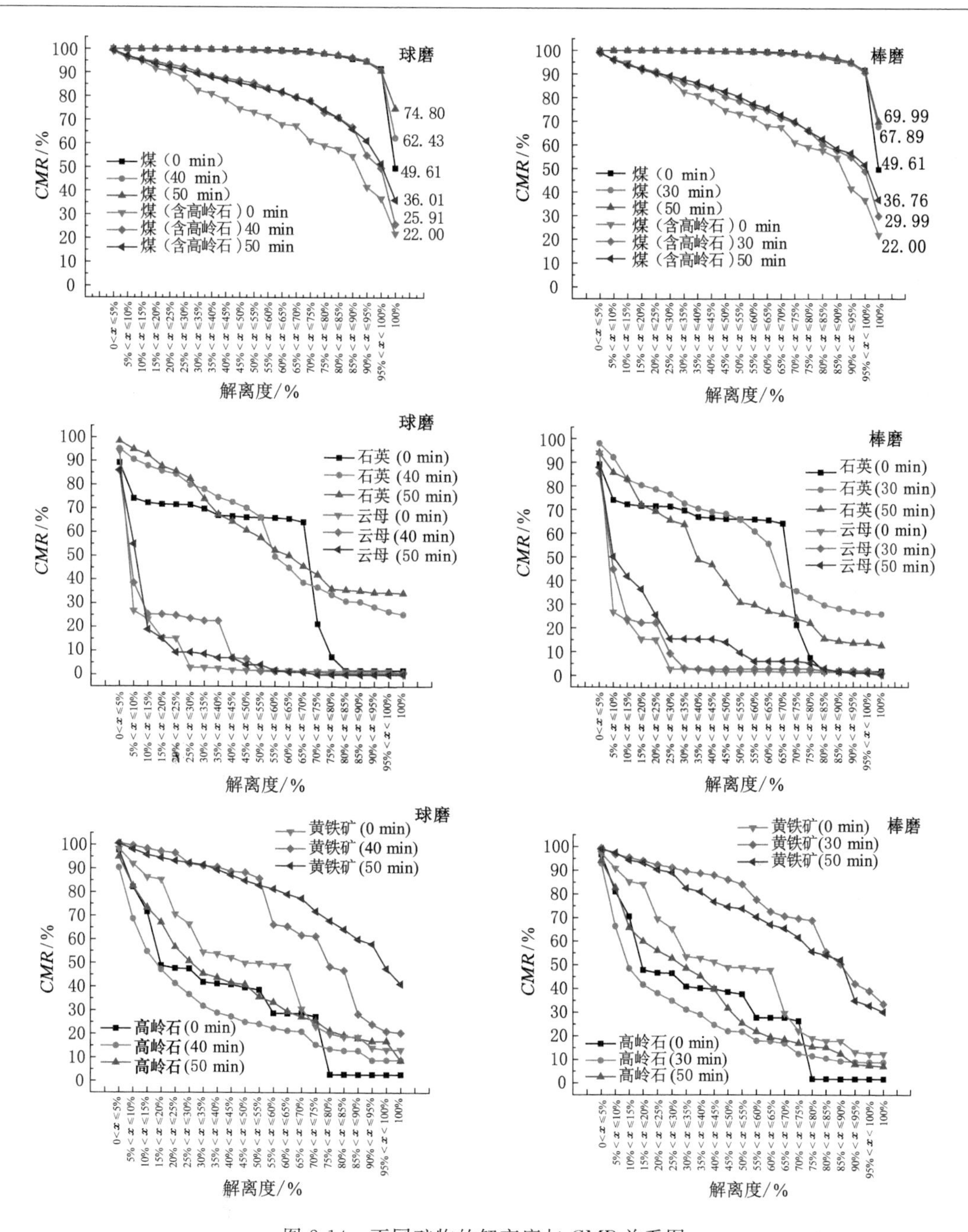

图 2-14　不同矿物的解离度与 CMR 关系图

增加，使其机械能大于内聚能而持续发生解离。黄铁矿对球磨方式的响应略高于棒磨方式：其球磨对应 $CMR_{(100\%)}$ 可达 40.12%，其棒磨对应 $CMR_{(100\%)}$ 则达 33.45%。

二、传统典型粉碎作用下的裂纹分布特征[128]

颗粒本身预先存在的裂纹特征以及不同颗粒机械性能的差异显著影响其在粉碎过程中的粉碎行为。对裂纹的研究有助于指导粉碎方式、提高粉碎效率，从而节省粉碎能耗、强化粉碎效果。

图 2-15 所示为磨矿产品的裂纹分布特征，其中(a)(b)(c)(d)分别对应球磨 40 min、球磨 50 min、棒磨 30 min、棒磨 50 min 产品 MLA 分析的彩色图像(上面的图)和各自对应的背散射图像(下面的图)。结合图 2-12 分析可知：未经磨矿作用的颗粒，表面裂纹数量较少。随着磨矿时间的增加，煤粒表面的裂纹数量出现先增加后减小的变化趋势：球磨 40 min 时，裂纹数量较多且密集，继续增加球磨时间(50 min)，颗粒粒度较细，表面几乎没有裂纹；棒磨 30 min 时，较小粒度颗粒(＜20 μm)表面不存在裂纹，少数较大颗粒(50 μm 左右)表面还存在裂纹，继续增加棒磨时间(50 min)，磨矿产品以 10 μm 左右颗粒居多，其表面几乎不存在裂纹。分析其原因为：磨矿时间为 50 min 时大部分颗粒达到磨矿极限，此时机械应力不会导致粉碎，仅会使颗粒发生变形，且随着颗粒粒度的减小这两种粉碎方式均转变为以磨削为主，难以继续克服颗粒表面应力做功，表现为裂纹数量减少，进而颗粒粒度减小缓慢。

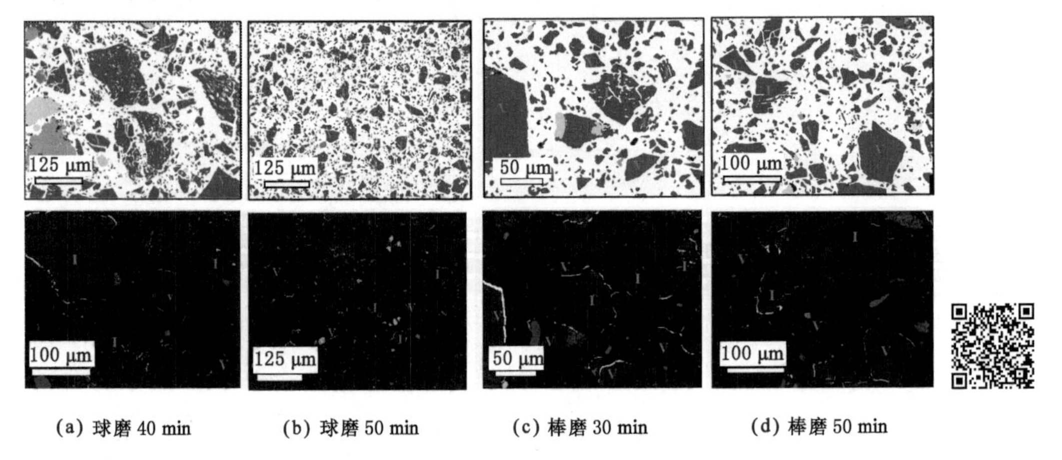

图 2-15　磨矿产品的裂纹分布特征图(扫描右侧二维码可查看相应彩图)

三、粉碎方式对显微组分解离的影响

从图 2-12 可以看出：原煤表面呈现波状木纹条纹纹理以及典型的对称蜂窝状结构，胞腔内充填有石英、方解石等矿物。从对应背散射图中可以看出：镜质组(V)呈现纯黑色，表面均一、缺陷较少；而惰质组(I)表面粗糙度大，缺陷较多，且具有明显的网格结构。

利用 MLA 技术进一步考察传统典型粉碎作用下显微组分的解离特征，如图 2-16 所示。球磨时间为 40 min 时，惰质组裂纹从孔结构处产生，由于颗粒裂纹分布的自相似性，碎裂后保持其原本的形貌特征。棒磨时间为 30 min 时，惰质组裂纹数量较多且裂纹呈现分散状，而镜质组裂纹数量较少，只有少数大颗粒出现直线形裂纹；当磨矿时间达到 50 min 时，大部分颗粒粒度较细，镜质组和惰质组分布均一，少数大颗粒中镜质组存在直线形裂纹。

综上可以看出：球磨作用主要靠瞬间的冲击力使颗粒粉碎，作用强度大，颗粒的受力面积较小，为点接触。由于颗粒受力面积较小，单位面积所受的应力较大，其裂纹会由外向内扩展，对应显微组分粒度的减小主要发生在颗粒表面应力较弱处，碎裂由外部向内部延伸，容易产生随机裂纹；棒磨作用通过相对缓慢增大的挤压作用力大于颗粒的应力强度而使颗粒粉碎，颗粒受力面积较大，为线接触，因此其裂纹由内向外扩展，惰质组和镜质组的碎裂程

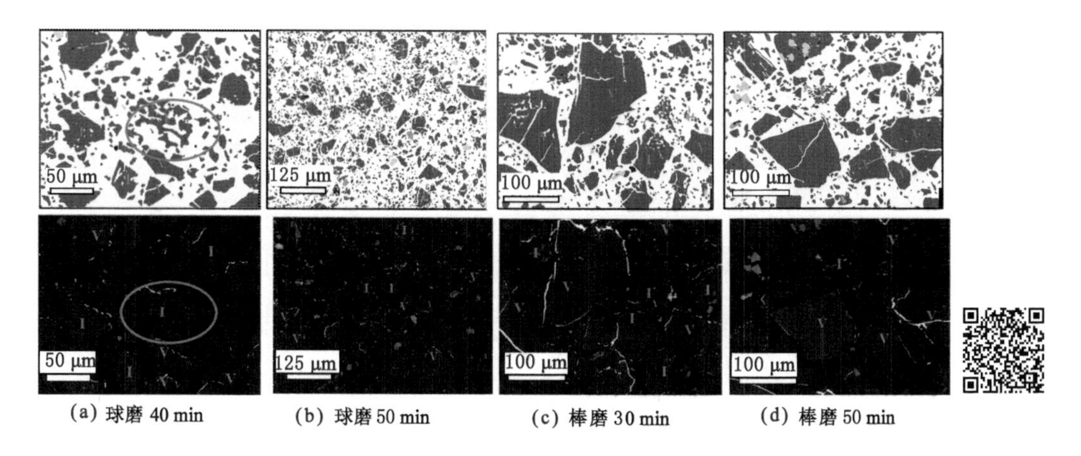

图 2-16 磨矿产品显微组分解离特征图(扫描右侧二维码可查看相应彩图)

度不同,在不同粒径的产品中达到较好的差异性富集效果。即不同组分因其自身的物理性质(如显微硬度等)差异发生粉碎。

四、传统典型粉碎方式对煤中典型组分作用的解离机理及模型

基于前述试验及分析,预测传统典型粉碎作用下煤及典型矿物的解离机理如图 2-17 所示。粉碎的目的是释放矿石中的有用组分,各组分的解离与其粉碎方式、嵌布形式、嵌布粒度等紧密关联。在棒磨作用下,挤压作用占主导,作用力缓慢且棒与各组分之间线接触,在作用各组分解离的过程中,针对含量较多、嵌布粒度较大的组分,晶间粉碎占主导,晶内粉碎

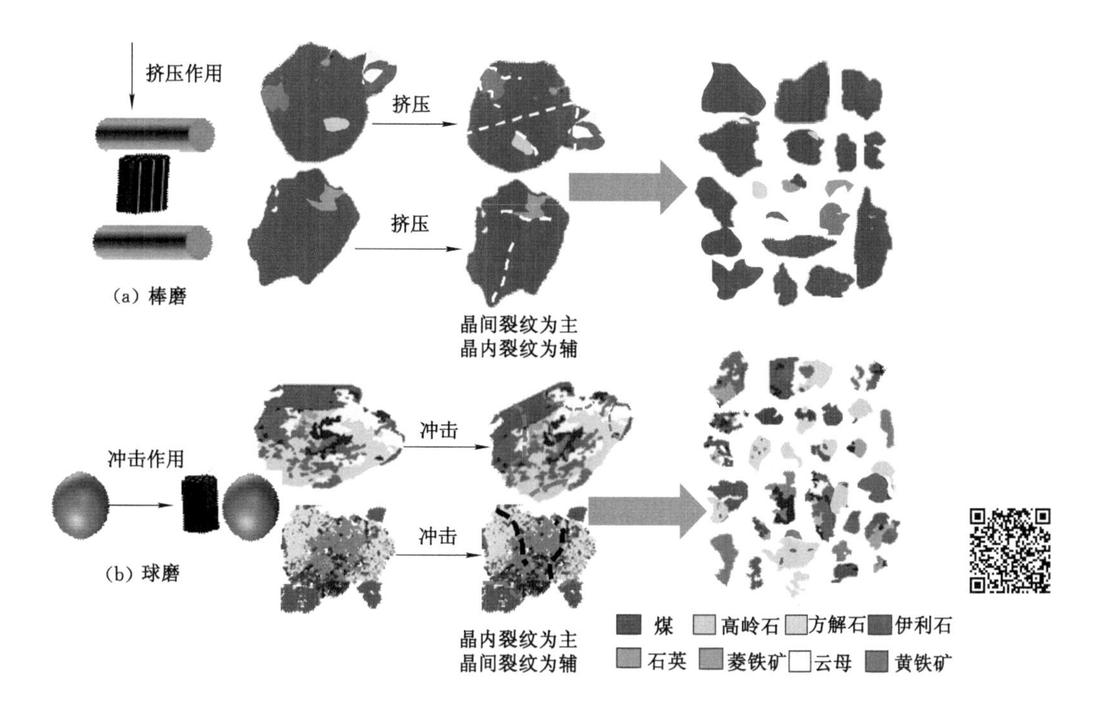

图 2-17 传统典型粉碎方式作用下煤及典型矿物的解离机理示意图(扫描右侧二维码可查看相应彩图)

为辅,代表组分为煤。在球磨作用下,主要是以冲击粉碎为主导,作用力迅速且球与各组分之间为点接触,在作用各组分解离的过程中,针对嵌布粒度较细且层状分布的组分,晶内粉碎占主导,晶间粉碎为辅,代表矿物为黄铁矿、石英、菱铁矿、方解石等。

第三章　机械冲击粉碎作用下煤中组分的解离特性

第一节　机械冲击粉碎试验设计

粉碎是矿物加工过程中很重要的一个单元，粉碎的主要任务是从矿石中得到有用矿物来提高整个工艺的效率，有用矿物与脉石的有效解离是实现分选的关键[129]。分选效率与入料矿石的解离度分布、内在性质以及所采用的分选技术有一定的联系。矿石的基本性质（如结构、嵌布状态等）决定了矿物的解离特征以及分选的难易程度；若其存在显著的裂纹将会增加矿物的解离以及暴露过程，进一步则影响对应工艺的破磨能力以及分选回收率[130,131]。由此，对矿物解理、结构、解离特征的研究对下游工艺具有一定的评估作用[132]。如前所述，在不同的粉碎作用过程中，粉碎方式的影响更为直接，在作用效果上更具有特征响应的意义。本章初步聚焦于粉碎方式以冲击粉碎为主的机械冲击粉碎机作用下的解离机理及影响规律研究，以期为定量研究煤中组分的粉碎解离机理提供一定的技术与理论补充。

一、试验设备及方法

（一）试验设备及工艺

试验主要粉碎设备是型号为 CM-41 的机械式冲击粉碎机，其配套工艺系统由西安科技大学自主设计，主要包含的功能设备有引风机、分级机、布袋除尘器等。机械冲击粉碎-分级系统工艺连接图如图 3-1 所示。系统工作原理是：机械式冲击粉碎机利用转子带动冲击部件对物料进行粉碎，然后再对物料按粒度、密度进行分级，得到的产品依次为底渣（slag product，简称为 SP）、分级机产品（classifier product，简称为 CP）、布袋产品（bag product，简称为 BP）。基于本课题组之前的相关试验研究[133]，设定分级机转速为 2 000 r/min，入料粒度＞6 mm。

（二）表征方法

主要的表征参数有自由面（FS）、相比界面积（$PSSA$）、组分的回收率（R_V）以及边界长度梯度和面积梯度。

1. 组分的回收率（R_V）

组分的回收率即代表不同组分在机械冲击粉碎-分级系统所得产品中的回收率。

2. 边界长度梯度和面积梯度

定义机械冲击粉碎-分级系统所得产品间同一组分边界长度的差值为目标组分边界长度梯度；定义机械冲击粉碎-分级系统所得产品间同一组分面积的差值为目标组分面积梯度。其中底渣和分级机产品中同一组分的边界长度差值为 L_1，分级机产品和布袋产品中同一组分边界长度差值为 L_2；底渣和分级机产品中同一组分面积的差值为 A_1，分级机产品和

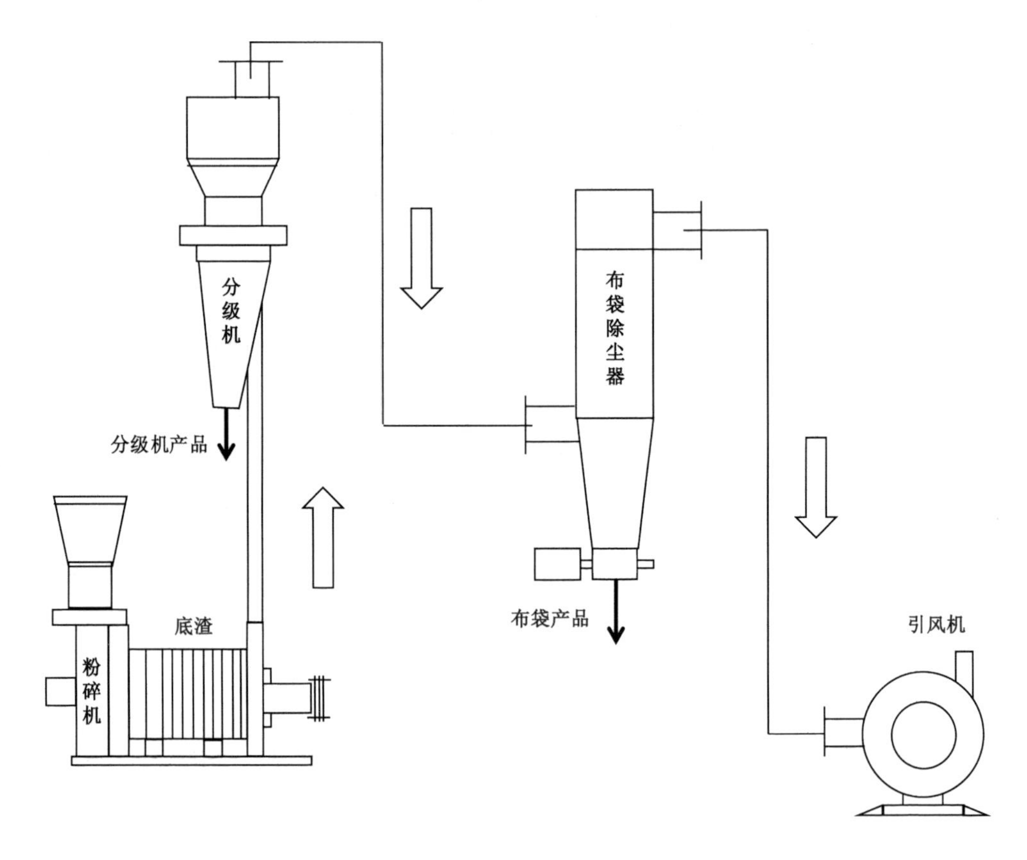

图 3-1　机械冲击粉碎-分级系统工艺连接图

布袋产品中同一组分面积的差值为 A_2，即

$$L_1 = L_{CP} - L_{SP} \tag{3-1}$$

$$L_2 = L_{BP} - L_{CP} \tag{3-2}$$

$$A_1 = A_{CP} - A_{SP} \tag{3-3}$$

$$A_2 = A_{BP} - A_{CP} \tag{3-4}$$

二、原煤基本性质及煤中矿物成分分析

以典型西部高惰质组煤——神东上湾煤(简写为 SW)为代表性煤样作为研究对象。表 3-1 为 SW 的元素分析和工业分析，可以看出：SW 中碳及固定碳含量相对较高，硫分含量较低，煤质相对较优。

表 3-1　原煤(SW)的元素分析和工业分析

煤种	工业分析				元素分析				
	A_{ad}/%	M_{ad}/%	V_{ad}/%	FC_{ad}/%	C_{ad}/%	H_{ad}/%	O_{ad}/%	N_{ad}/%	$S_{t,ad}$/%
SW	10.38	7.50	32.84	49.28	68.94	3.36	8.99	0.54	0.29

SW 中主要组分及含量见表 3-2。从表中可以看出，其中主要的组分为煤、石英、高岭

石、方解石、云母、黄铁矿、伊利石、菱铁矿。

表 3-2 SW 中主要组分及含量

组分	质量百分比/%	组分	质量百分比/%
煤	91.65	煤(含高岭石)	2.94
高岭石	1.6	伊利石	1.18
方解石	0.92	黄铁矿	0.3
石英	0.32	云母	0.17
菱铁矿	0.22	钠长石	0.02
正长石	0.03	硅酸盐	0.02
铁白云石	0.03	白云石	0.02
重晶石	0.03	其他	0.55
合计	100		

图 3-2 为 SW 煤岩光片以及进一步通过 MLA 所得其主要组分的嵌布特征示意图。从图中可以看出:不同矿物的嵌布形式以及嵌布粒度不同,高岭石、方解石嵌布粒度为 10～80 μm,黄铁矿、石英不规则嵌布,粒度为 30～120 μm,伊利石和云母呈现层状以及星点状共生分布,粒度为 1～50 μm。

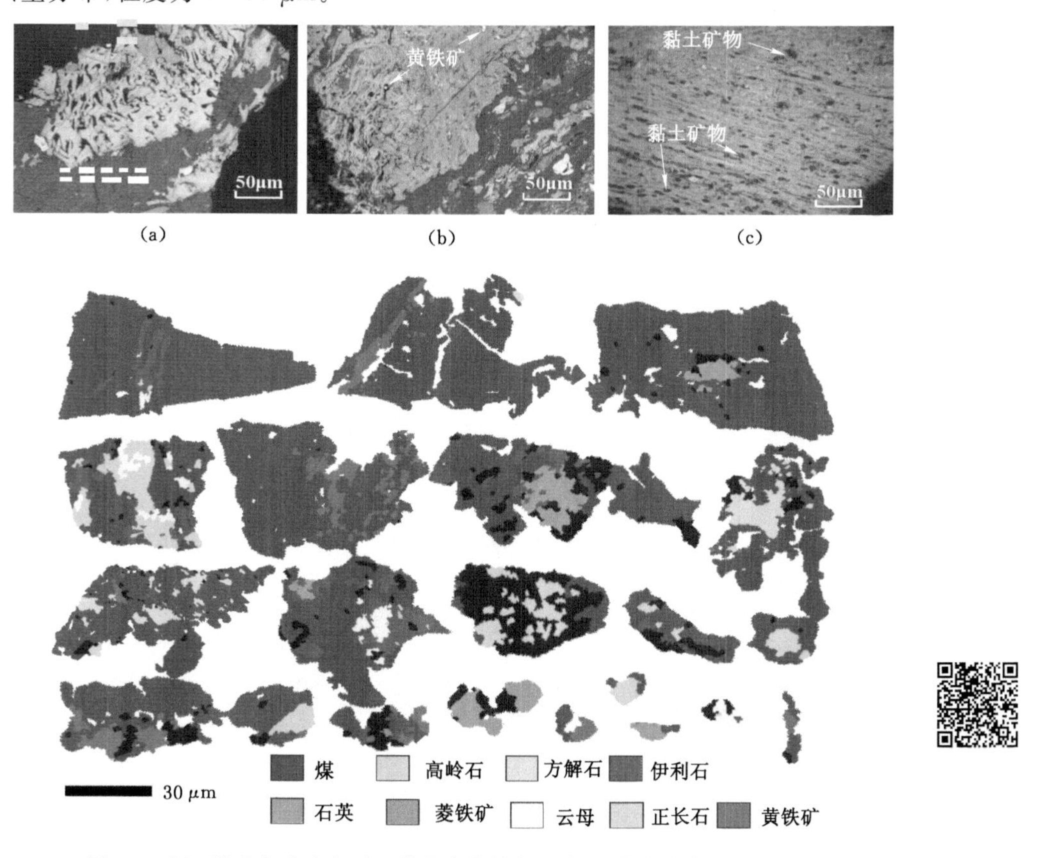

图 3-2 SW 煤岩光片及主要组分的嵌布特征示意图(扫描右侧二维码可查看相应彩图)

第二节　机械冲击粉碎作用下煤中组分的粉碎特征

一、粒度分布分析

图 3-3 为机械冲击粉碎-分级工艺产品的粒度分布和 MLA 分析图。从图中可以看出，在机械冲击粉碎作用下，煤及其嵌布的矿物颗粒发生粉碎，且粉碎后颗粒按粒度依次递减规律进入底渣、分级机产品、布袋产品。从 MLA 图中可以看出：底渣中云母和伊利石伴生嵌布于煤中，粒度约为 10 μm，方解石呈现点状分散嵌布于煤中，粒度为 5～25 μm[图 3-3(a)]；分级机产品中石英解离完全，伊利石、云母部分解离[图 3-3(b)]；布袋产品中基本不存在连生体[图 3-3(c)]。

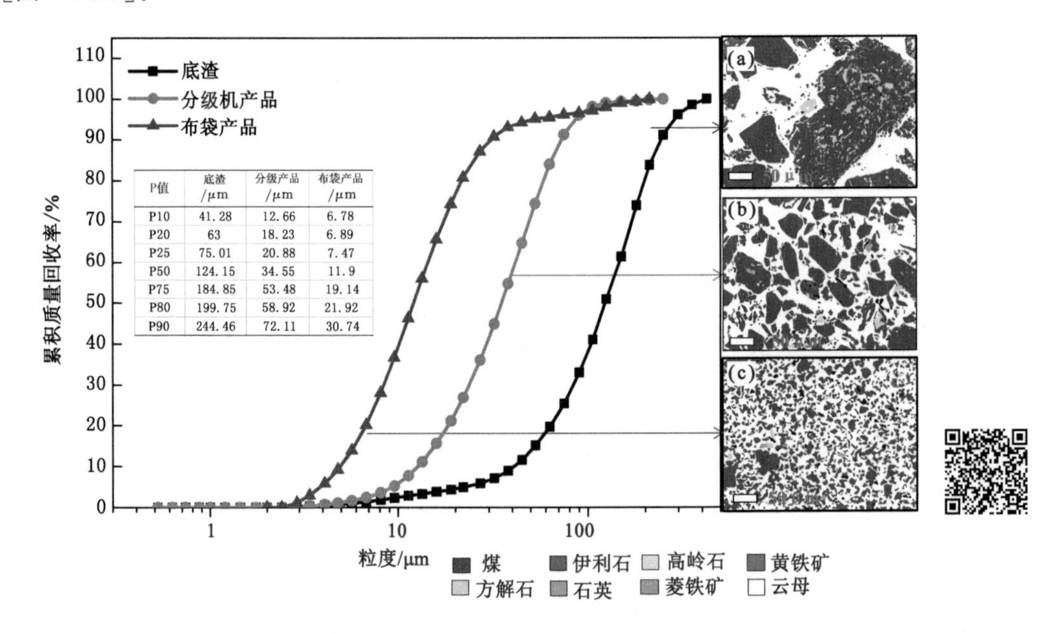

P值	底渣 /μm	分级产品 /μm	布袋产品 /μm
P10	41.28	12.66	6.78
P20	63	18.23	6.89
P25	75.01	20.88	7.47
P50	124.15	34.55	11.9
P75	184.85	53.48	19.14
P80	199.75	58.92	21.92
P90	244.46	72.11	30.74

图 3-3　机械冲击粉碎-分级工艺产品的粒度分布和 MLA 分析图(扫描右侧二维码可查看相应彩图)

二、相界面特征分析

图 3-4 为机械冲击粉碎-分级工艺产品中煤及矿物的相界面特征图。由于煤在各组分中的含量最多，因此在各产品中解离度均较高，在分级机产品中完全解离相的回收率达到最大，为 82.45%。

含高岭石的煤完全解离相回收率最大出现在布袋产品中，为 52.36%；其在底渣产品中主要以两相嵌布相以及三相及以上嵌布相分布为主。

黄铁矿整体来看以完全解离相和两相嵌布相占主导，其完全解离相的回收率最高出现在分级机产品和布袋产品中，对应 R_V 值分别为 51.56%和 50.35%。

高岭石的解离程度从底渣到布袋产品依次增加，表现为布袋产品中对应其完全解离相回收率最大为 27.47%，在底渣产品中，其两相嵌布相的含量最大，其对应回收率达到 49.44%。

石英完全解离相回收率在分级机产品和布袋产品中较大，分别达到 29.45%、29.31%；

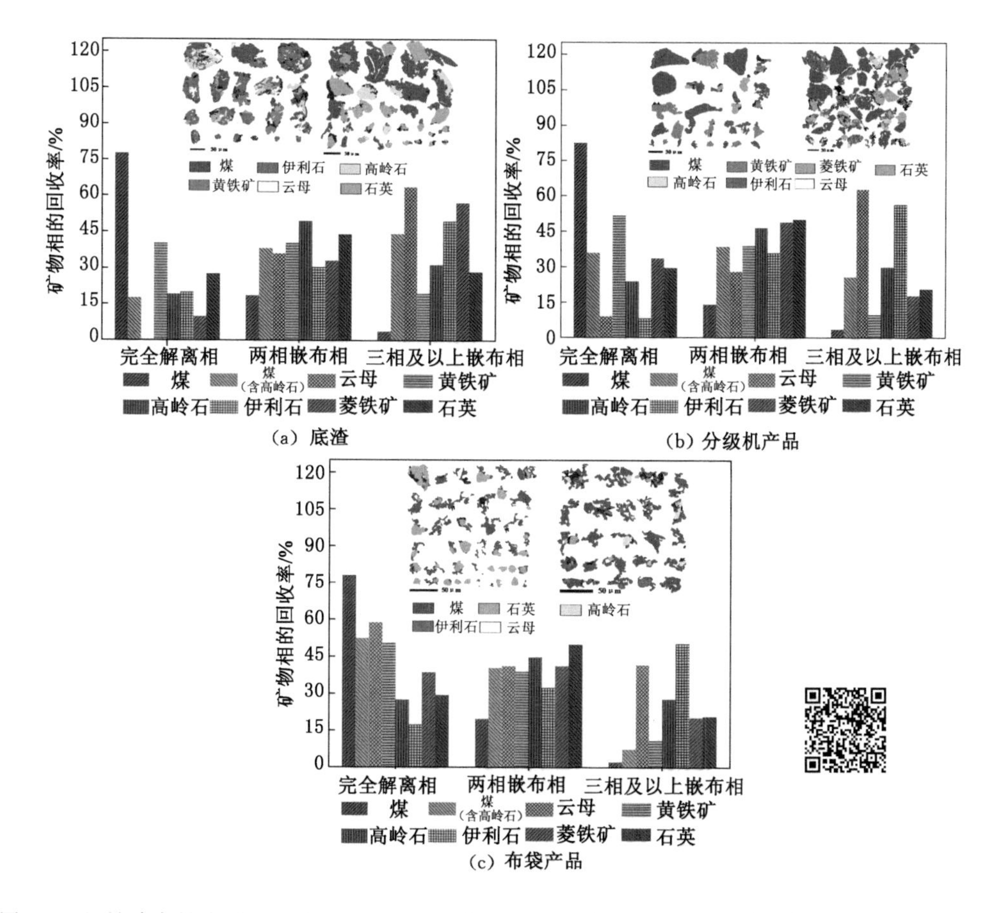

(a) 底渣　　(b) 分级机产品　　(c) 布袋产品

图 3-4　机械冲击粉碎-分级工艺产品中煤及矿物的相界面特征图(扫描右侧二维码可查看相应彩图)

在三个产品中其两相嵌布相的含量普遍较高，分别为 43.96%、49.94%、49.93%。

伊利石在三个产品中的解离度普遍较低，主要以两相嵌布相以及三相及以上嵌布相分布为主；完全解离相主要分布于底渣和布袋产品中，其对应回收率分别为 20.10%、17.29%。

云母和伊利石的嵌布特点类似，在布袋产品中完全解离相的回收率最大，达到58.81%；在底渣与分级机产品中，以两相嵌布相以及三相及以上嵌布相分布为主。

表 3-3 所示为机械冲击粉碎-分级工艺产品中主要组分自由面及相比界面积。由表 3-3 分析可知：从底渣到布袋产品，含高岭石的煤、石英、高岭石、伊利石、方解石、菱铁矿的 *FS* 和 *PSSA* 出现依次增大的变化趋势，煤、云母、黄铁矿则出现不一致的变化规律。说明在冲击粉碎作用下煤及主要矿物发生了不同形式的粉碎。

表 3-3　机械冲击粉碎-分级工艺产品中主要组分自由面及相比界面积

组分	*FS*/%			*PSSA*/μm^{-1}		
	SP	CP	BP	SP	CP	BP
煤	81.97	93.04	92.02	0.12	0.27	0.69
煤(含高岭石)	25.22	45.88	71.68	0.61	0.71	1.09
石英	36.6	56	65.53	0.45	0.46	0.62

表 3-3(续)

组分	FS/%			PSSA/μm^{-1}		
	SP	CP	BP	SP	CP	BP
高岭石	12.52	35.92	54.89	0.32	0.51	0.65
云母	5.55	25.85	44.97	0.64	0.71	0.68
伊利石	6.67	24	36.49	0.33	0.64	0.79
方解石	29.93	42.57	50.57	0.24	0.45	0.9
菱铁矿	19.83	51.38	58.61	0.52	0.65	1.08
黄铁矿	57.27	67.15	66.94	0.43	0.69	1.13

三、粉碎形式分析

进一步分析机械冲击粉碎-分级工艺产品的粉碎形式，选取煤及主要矿物(含高岭石的煤、石英、菱铁矿、方解石、黄铁矿、高岭石、伊利石等组分)分析对应解离度与 CMR 之间的关系，如图 3-5 所示。图 3-6 为机械冲击粉碎-分级工艺产品中各组分对应边界长度梯度与面积梯度变化图。结合两图分析可知：

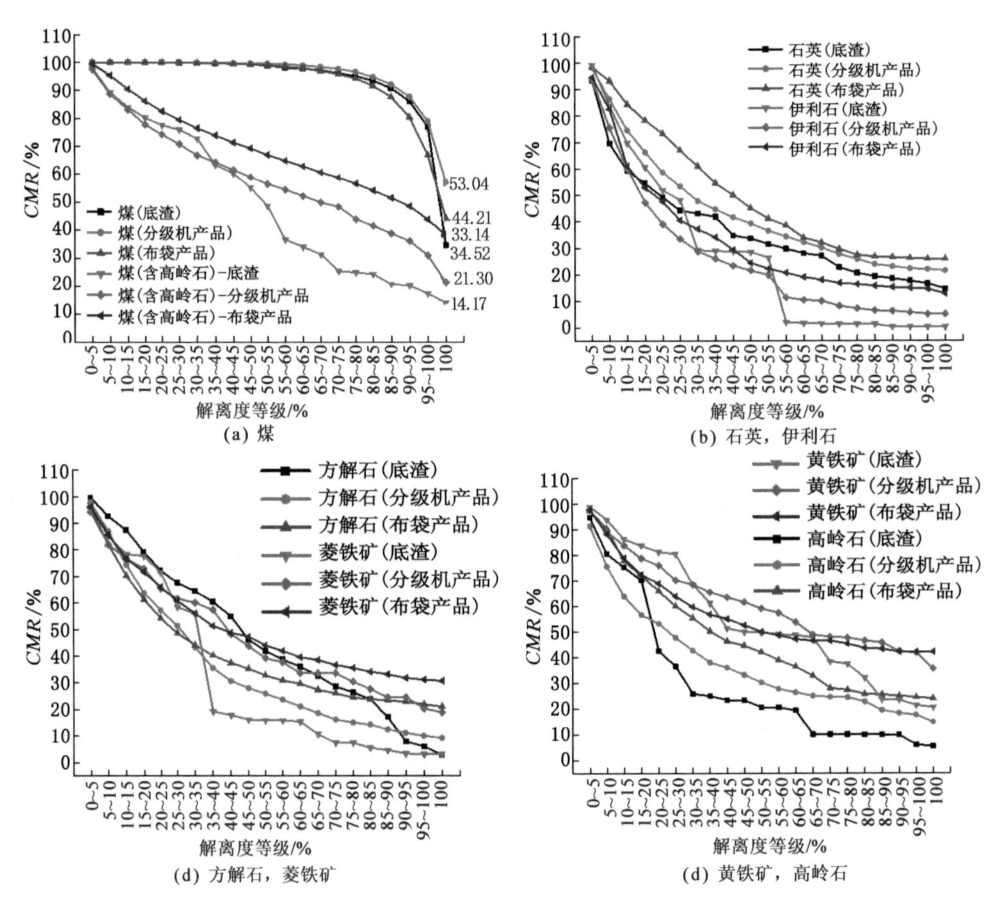

图 3-5　机械冲击粉碎-分级工艺产品中主要组分的解离度与 CMR 之间关系

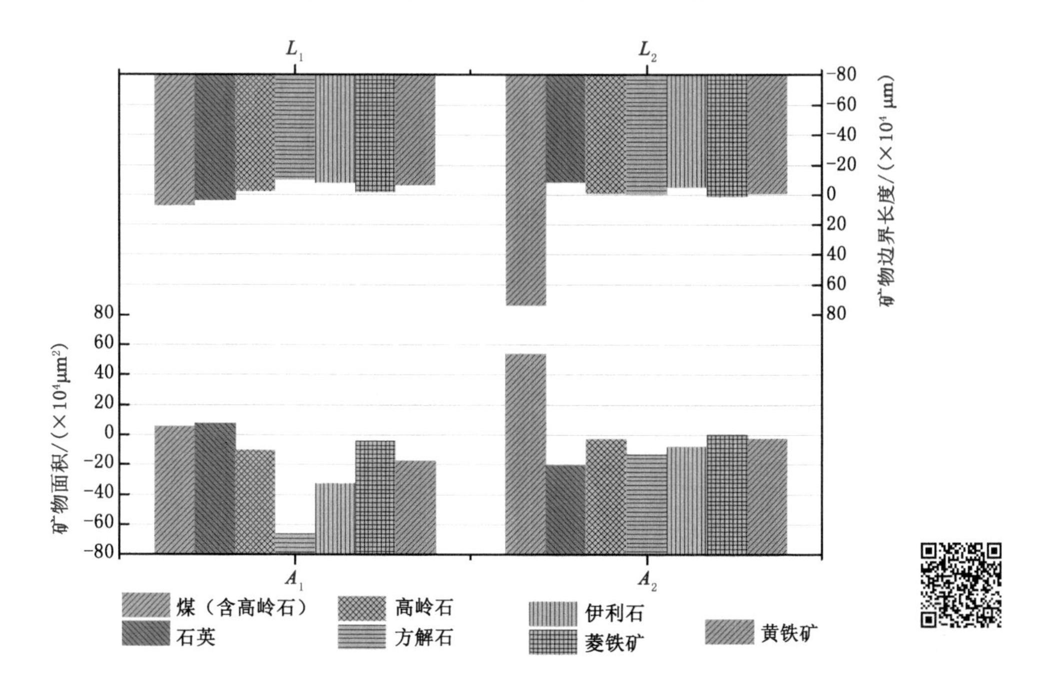

图 3-6 机械冲击粉碎-分级工艺产品中各组分对应边界长度梯度与面积梯度变化图
(扫描右侧二维码可查看相应彩图)

(1) 含高岭石的煤对应$|L_2|>|L_1|$、$|A_2|>|A_1|$，且在不同的解离度等级范围，布袋产品的 *CMR* 始终大于底渣和分级机产品，说明含高岭石的煤对冲击粉碎作用响应程度较强。随着颗粒粒度的减小，目标矿物主要发生晶间粉碎，对应$|L_2|$变化较大；且粒度越细，解离越完全，对应布袋产品的 $CMR_{(100\%)}$ 最大，达到 38.14%。

(2) 从底渣到布袋产品，石英对应 *CMR* 的整体规律为：$CMR_{(布袋)}>CMR_{(分级机)}>CMR_{(底渣)}$，且$|L_2|>|L_1|$、$|A_2|>|A_1|$，说明石英对冲击粉碎作用响应程度较强。嵌布粒度较大的石英同时发生晶内粉碎和晶间粉碎；嵌布粒度较小的石英主要发生晶内粉碎，对应$|A_2|$变化较大；在后续的分级过程中，一部分依旧以两相嵌布相或者三相及以上嵌布相集中分布于底渣和分级机产品中，一部分完全解离相进入细粒中。

(3) 黄铁矿的相界面变化规律为：$L_1|>|L_2|$、$|A_2|>|A_1|$，说明从底渣到布袋产品，黄铁矿矿物边界长度变化减小，矿物面积变化增大。推测在冲击粉碎作用下，少部分嵌布在煤周围且粒度较大的黄铁矿发生晶间粉碎，随着煤粒度的减小而暴露；部分嵌布粒度小与其他矿物共生的黄铁矿主要发生晶内粉碎。在分级过程中大颗粒进入底渣产品、中等粒径进入分级机产品、细粒进入布袋产品；对应在解离度等级<35%时，表现为 $CMR_{(底渣)}>CMR_{(分级机)}>CMR_{(布袋)}$；在解离度 35%～90%范围内，分级机产品的 *CMR* 最大，底渣产品和布袋产品的 *CMR* 交替波动变化；当解离等级为 100%时，表现为 $CMR_{(布袋)}>CMR_{(分级机)}>CMR_{(底渣)}$。

(4) 方解石的相界面变化规律为：$|L_1|>|L_2|$、$|A_1|>|A_2|$，说明从底渣到布袋产品，矿物边界长度和矿物面积的变化程度均减小，方解石在煤中的嵌布形式对冲击粉碎作用的响应程度较小。在解离度等级≤35%时，对应 $CMR_{(底渣)}>CMR_{(分级机)}>CMR_{(布袋)}$；在解离度等级为 35%～85%范围内，对应 $CMR_{(底渣)}>CMR_{(布袋)}>CMR_{(分级机)}$；在解离度等级>95%

时，$CMR_{(底渣)}>CMR_{(分级机)}>CMR_{(布袋)}$；且完全解离相在底渣和分级产品中的 CMR 极低，分别仅为 2.98%、9.25%。推测方解石的解离是依附其他矿物的解离进行，且主要以晶内粉碎为主；完全解离的细粒进入布袋产品，对应其 CMR 达到最大，为 21.11%。

(5) 伊利石的相界面变化规律为：$|L_1|>|L_2|$、$|A_1|>|A_2|$，且在解离度等级<30%时，对应 $CMR_{(底渣)}>CMR_{(布袋)}>CMR_{(分级机)}$，当解离度等级>55%时，对应 $CMR_{(布袋)}>CMR_{(分级机)}>CMR_{(底渣)}$，推测粉碎主要以晶内粉碎占主导，且只有粉碎至较小粒度时才能发生解离，对应完全解离相的 CMR 从底渣到布袋产品分别为 0.19%、4.99%、12.84%，解离度等级为极难解离。

(6) 高岭石在煤中的嵌布粒度较细呈多相分布，解离度等级为难解离，其相界面变化规律为：$|L_1|>|L_2|$、$|A_1|>|A_2|$，说明从底渣到布袋产品，高岭石的矿物边界长度和矿物面积变化均减小，颗粒粒度只有小于嵌布粒度才能发生解离，对应布袋产品中 $CMR_{(100\%)}$ 达到最大，为 24.06%。

第三节　机械冲击粉碎解离判据分析

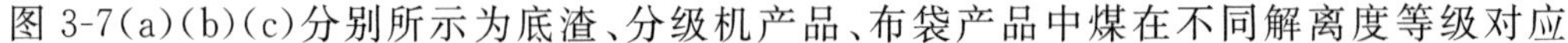

图 3-7(a)(b)(c)分别所示为底渣、分级机产品、布袋产品中煤在不同解离度等级对应

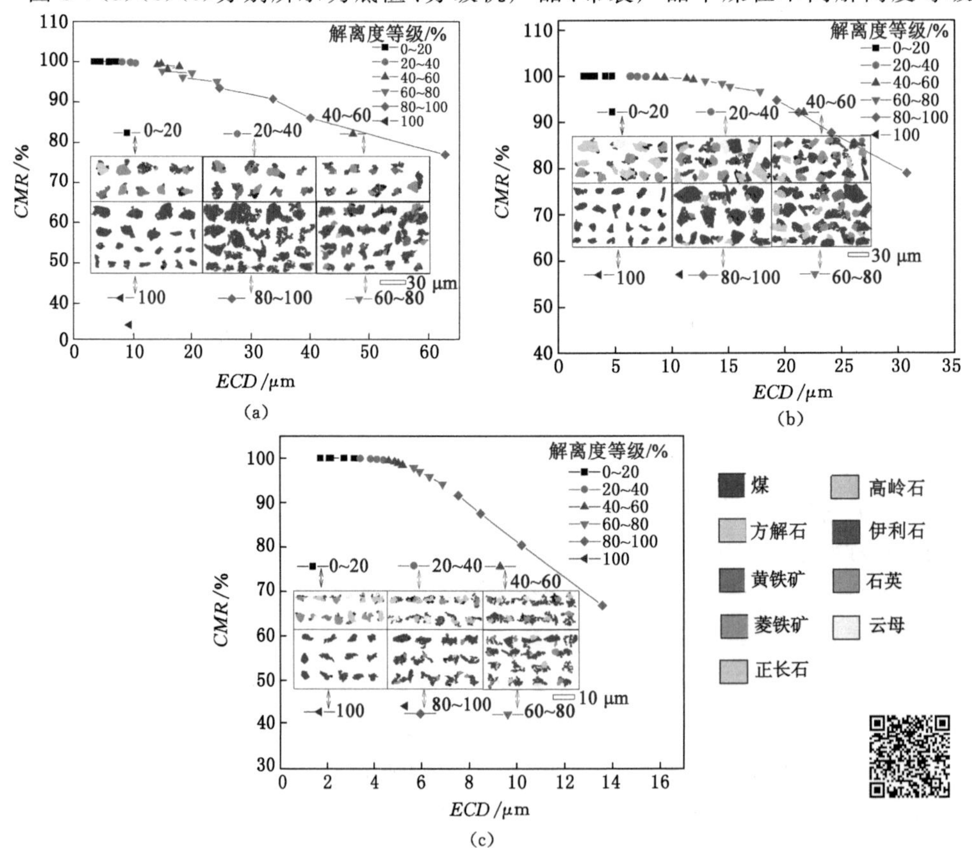

图 3-7　机械冲击粉碎-分级工艺产品在不同解离度等级对应 ECD 与 CMR 之间的关系(扫描右侧二维码可查看相应彩图)

ECD 与 *CMR* 之间的关系。从图中可以看出不同粒度的煤对应不同的解离度等级；解离度等级在 0～60%范围内，煤的 *CMR* 随 *ECD* 变化并不明显，证明颗粒在 0～60%解离度等级范围内回收率受煤粒度的影响较小；当解离度等级在 60%～80%范围时，*ECD-CMR* 曲线斜率 K 开始明显增大；当解离度等级在 80%～100%范围时，颗粒回收率随粒度变化较明显，对应曲线斜率 $K_{(底渣)}<K_{(分级机)}<K_{(布袋)}$，说明在较高解离度等级范围内，粒度对煤 *CMR* 影响较大。分析原因为：在较低的解离度等级，目标组分基本未解离，粒度变化对 *CMR* 影响较小；在较高的解离度等级，部分目标组分解离，而部分目标组分仍以两相或者多相形式嵌布，则粉碎导致的粒度减小对 *CMR* 影响较大。*CMR-ECD* 曲线斜率 K 一定程度上可以反映颗粒的粉碎情况。如果 $K=0$，则不同粒度大小的组分对应相同的 *CMR*，这说明此种粉碎方式对目标组分的解离已经达到了极限，界面结合强度等于颗粒强度，粒度减小并不能影响目标组分的解离程度，这种现象多出现在完全解离相或者非目标组分的纯晶内粉碎中；如果 $K=1$，组分的尺寸完全相同但对应不同的 *CMR*，则可得出解离度等级最高条件下颗粒的解离粒度或者 *CMR* 最大时颗粒的解离尺寸，可为判断矿物的解离情况提供一定的依据。

第四节　煤解离过程相界面长度以及自由面变化模型

由于煤的含量较多，因此以煤作为目标组分，其他矿物作为嵌布矿物组分进行分析。选取目标组分的三种典型嵌布方式，如图 3-8 所示，(a)(b)(c)分别代表目标组分与其他组分外部嵌布分布、目标组分包裹其他组分、目标组分被其他组分包裹。

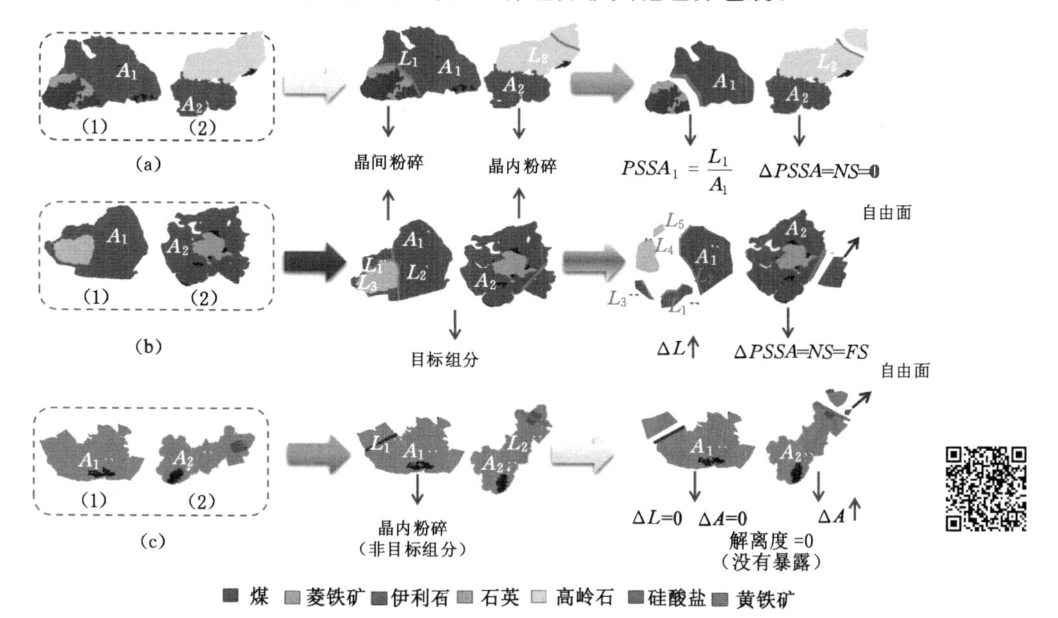

图 3-8　机械冲击粉碎作用下颗粒解离过程预测模型(扫描右侧二维码可查看相应彩图)

在冲击粉碎作用下，目标组分发生晶间粉碎和晶内粉碎。在图 3-8(a)所示的嵌布形式下，若晶间粉碎发生在目标组分与其他嵌布组分之间[图 3-8(a)(1)]，则目标组分边界长度和面积的变化将改变其解离程度。若目标组分边界长度不变，随着目标组分面积的减小，

PSSA 增大，对应完全解离相越多，解离程度越大；若目标组分面积不变，其边界长度减小，*PSSA* 减小，则只有当边界长度的改变产生新的目标组分自由面（*NS*）时，对应目标组分的解离度才会增加。若发生晶内粉碎，且晶内粉碎发生在非目标组分中，此时产生的 *NS* 为零，对应的 $\Delta PSSA$ 也为零。

在图 3-8(b)所示的嵌布形式下，若目标组分发生晶间粉碎，导致 ΔL 增大，则 *PSSA* 增大[图 3-8(b)(1)]；若目标组分发生晶内粉碎，产生了新的表面，此时新生表面等于自由面，也等于 *PSSA* 的变化[图 3-8(b)(2)]，即 $\Delta PSSA = NS = FS$，此时粒度的减小并不能引起目标组分解离度的改变，但在图 3-8(b)所示的嵌布形式下，目标组分的解离度等级始终为 100%。

在图 3-8(c)所示的嵌布形式下，颗粒发生晶内粉碎，但晶内粉碎发生在嵌布矿物组分[图 3-8(c)(1)]，此时目标组分的边界长度和面积变化都是 0，目标组分始终没有暴露，对应解离度等级为 0；若发生晶内粉碎且产生目标组分自由面[图 3-8(c)(2)]，此时目标组分界面面积增大，对应解离度增加。

第五节　机械冲击粉碎作用解离特性总评

本章通过自行设计的机械冲击粉碎-分级工艺系统，研究了机械冲击粉碎作用下煤中主要组分的解离特性。从机械冲击粉碎-分级工艺产品的粒度分析、相界面特征分析、粉碎形式分析出发，通过考察粒度分布、解离度、*CMR*、组分的回收率、目标组分边界长度和面积等评价参数，进一步研究了机械冲击粉碎解离判据，提出了煤中组分解离的评价模型，得出主要结论如下：

(1) 矿物的解离程度受颗粒的嵌布粒度、嵌布形式以及不同伴生矿物的密度、硬度、原生解理的影响。机械冲击粉碎作用下，颗粒主要发生晶间粉碎和晶内粉碎；不同的粉碎形式会导致组分边界长度和面积的改变。

(2) *ECD-CMR* 曲线斜率的变化一定程度上可以量化颗粒的粉碎情况，可以为判断对应解离度等级条件下目标组分的解离粒度以及选择粉碎方式提供一定的依据。

(3) 目标组分的嵌布形式不同，*FS* 和 *PSSA* 的变化并不能表征解离程度。解离度增加的根本原因在于目标组分完全解离相的产生。当颗粒发生晶间粉碎，且晶间粉碎发生在目标组分和其他嵌布组分之间时，目标组分边界长度和面积改变，对应解离度增加；若颗粒发生晶内粉碎且晶内粉碎发生在目标组分上时，将产生新的表面等于自由面的变化，但解离度等级不发生改变，若晶内粉碎产生了目标组分单体，则解离度增加。

第四章　基于超细粉碎与精细分级的煤岩组分分质技术

煤炭实现分级、分质、高质化利用的基础在于煤中有机显微组分和无机显微组分的高效解离，而选择合适的粉碎技术需要满足相应解离方式和粒度要求。常规粉碎方式可实现煤炭一定程度的分质和提质，但是针对煤炭深度粉碎-分级、分质的研究还有所欠缺。前面已初步探讨了不同粉碎方式对煤中主要组分的作用规律。基于西部煤炭资源的特点与开发需求，进一步围绕西部高惰质组煤的煤岩有效解离与深度分质开展研究是非常必要的。本章依托西安科技大学自行设计的气流粉碎-精细分级工艺系统，探究不同工艺技术对应的煤岩组分分质效果，为实现西部高惰质组煤的高质化利用提供一定的技术借鉴。

第一节　气流粉碎-精细分级分质技术

气流粉碎以冲击粉碎为主，其较常规粉碎方式具有以下特点：① 能达到亚微米级粒度。② 粉碎在低温下进行，避免了研磨粉碎的氧化等破坏作用和湿法粉碎的溶剂处理过程。③ 根据材料破坏的 Griffith 理论[134]，材料首先在裂纹、微孔等应力高度集中处断裂，而煤显微组分和矿物质单个颗粒的结合部位恰恰是应力最集中的地方。由于气流粉碎可使煤样粒度达微米级，这与煤岩显微组分和矿物质单个颗粒的粒度分布相当，有利于煤中有机显微组分和无机矿物组分的有效解离。

一、试验过程设计与表征

（一）试验主要设备

表 4-1 列出了本研究所用到的主要设备及仪器。采用辊式破碎机作为粗碎设备，将原煤（>6 mm）破碎至试验所需粒度，随后采用西安科技大学自主研发设计的气流粉碎-精细分级工艺系统进行提质技术研究。分别采用灰分测定仪和库仑定硫仪对气流粉碎-精细分级工艺产品进行灰分和硫分的测定，采用激光粒度分析仪测定气流粉碎-精细分级工艺产品的粒度分布，采用高级偏光显微镜用于观察煤显微组分分布特征并对其进行定量，采用扫描电镜用于观察气流粉碎-精细分级工艺产品的表面形貌特征。

表 4-1　试验主要设备及仪器

设备及仪器名称	型　号	生产厂家
辊式破碎机	CTDG-20075	徐州微科尚品电子科技有限公司
气流粉碎-精细分级工艺系统	自主设计	西安科技大学
灰分测定仪	CTM500	中国矿业大学张洪研究所
库伦定硫仪	CTS3000B	中国矿业大学张洪研究所

表 4-1(续)

设备及仪器名称	型　号	生产厂家
激光粒度分析仪	LS230/VSM	贝尔曼库尔特商贸有限公司
高级偏光显微镜	DM4500P	德国徕卡公司
扫描电镜	Phenom Pro	荷兰 Delmic 公司

图 4-1 所示为气流粉碎-精细分级系统设备联系图，其包含的主要功能设备有流化床气流粉碎机、一级分级机、二级分级机、旋风分离器、布袋除尘器等。煤样在气流粉碎-精细分级的过程中因其组分的微观硬度、粒度、密度等物理特性差异而被分为四组产品，分别为分级一产品、分级二产品、旋风分离器产品、布袋产品。基于已有研究基础可知，布袋产品的产率极低(<2%)，由此为减小试验误差，将布袋产品和旋风分离器产品合并，命名为分级三产品。

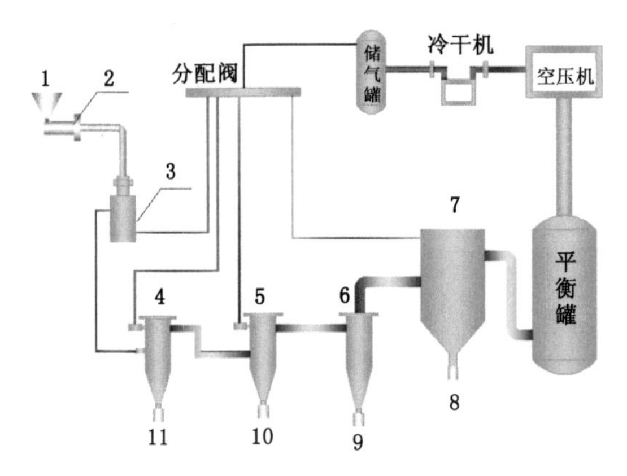

1—加料斗；2—螺旋给料机；3—流化床气流粉碎机；4——级分级机；5—二级分级机；
6—旋风分离器；7—布袋除尘器；8—布袋产品；9—旋风分离器产品；10—分级二产品；11—分级一产品。

图 4-1　气流粉碎-精细分级系统设备联系图

(二) 表征方法

将分级一产品和分级二产品制成煤岩光片，根据《煤的显微组分组和矿物测定方法》(GB/T 8899—2013)进行煤显微组分含量测定，检测示意图如图 4-2 所示。由于分级三产品粒度过细，显微组分辨认困难(图 4-3)，因此分级三产品的显微组分含量由差减法得到，计算公式如下：

$$V_{分级三} = V_{原煤} \times P_{原煤} - V_{分级一} \times P_{分级一} - V_{分级二} \times P_{分级二} \tag{4-1}$$

$$I_{分级三} = I_{原煤} \times P_{原煤} - I_{分级一} \times P_{分级一} - I_{分级二} \times P_{分级二} \tag{4-2}$$

式中，V 代表对应产品镜质组含量，%；I 代表对应产品惰质组含量，%；P 代表对应产品的产率，%。

采用各显微组分的迁移率来研究气流粉碎-精细分级工艺系统各参数对显微组分解离富集效果的影响。迁移率为分级产品中某一显微组分经精细分级后的迁移值与原煤中对应显微组分含量的比值。迁移值则为原煤中镜质组和惰质组经气流粉碎-精细分级工艺系统作用后在各分级产品中对应组分的含量。在某一种产品或者某一粒度级中哪一种显微组分

图 4-2　煤显微组分定量检测示意图

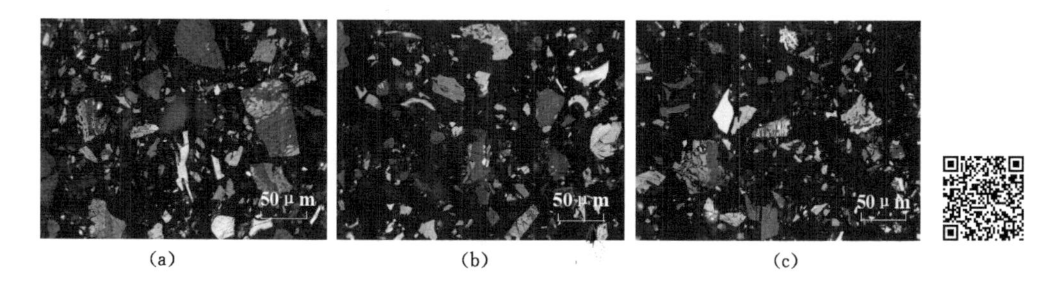

图 4-3　分级三产品煤岩光片图(扫描右侧二维码可查看相应彩图)

的占比相对较大,就将其命名为富镜质组或富惰质组。气流粉碎-精细分级工艺产品中富镜质组产品和富惰质组产品均是目标产品。定义 D 值代表产品中镜质组或惰质组含量相对于原煤中镜质组或惰质组含量的偏差绝对值,如式(4-3)、式(4-4)、式(4-5)所示。

$$D_V = |V_{产} - V_{原}| \tag{4-3}$$

$$D_I = |I_{产} - I_{原}| \tag{4-4}$$

$$D = D_V = D_I \tag{4-5}$$

定义 Q 值代表各产品的镜质组或惰质组含量与原煤镜质组或惰质组含量的差值绝对值乘以各自产率的加和,如式(4-6)、式(4-7)所示。

$$Q_V = |V_{m1}| \times P_{m1} + |V_{m2}| \times P_{m2} + |V_{m3}| \times P_{m3} \tag{4-6}$$

$$Q_I = |I_{n1}| \times P_{n1} + |I_{n2}| \times P_{n2} + |I_{n3}| \times P_{n3} \tag{4-7}$$

$$Q = Q_V + Q_I \tag{4-8}$$

式中,V_{m1}、V_{m2}、V_{m3} 分别代表分级一产品、分级二产品、分级三产品中镜质组含量与原煤中镜质组含量的差值;P_{m1}、P_{m2}、P_{m3} 分别代表分级一产品、分级二产品、分级三产品中镜质组的产率;I_{n1}、I_{n2}、I_{n3} 分别代表分级一产品、分级二产品、分级三产品中惰质组含量与原煤中惰质组含量的差值;P_{n1}、P_{n2}、P_{n3} 分别代表分级一产品、分级二产品、分级三产品中惰质组的产率。通过 D 值和 Q 值对煤显微组分在分级产品中的富集程度进行表征,D 值和 Q 值越大,说明显微组分在分级产品中的富集效果越好。富集率为分级产品中各显微组分含量的增加值与原煤对应显微组分含量的比值。

此外,通过灰分、硫分测定对气流粉碎-精细分级工艺产品的性质进行辅助分析。采用相对于原煤的灰分梯度、硫分梯度对各分级产品质量进行辅助评价;灰分梯度和硫分梯度越大,提质效果越显著。

（三）原煤的主要性质

研究所用煤样为典型西部高惰质组煤——神东上湾煤（简写为 SW），其工业分析和元素分析见表 3-1。图 4-4 所示为 SW 的显微组分分布图。综合分析可知：原煤灰分、硫分相对较低，碳及固定碳含量相对较高；镜质组含量 52.4%，惰质组含量为 46.9%，其中以丝质体占主导；因壳质组含量极低（<1%），在接下来显微组分的统计中暂忽略不计。图 4-5 为经 MLA 测得的 SW 中主要矿物的含量分布，结合图 4-6 分析可知：原煤中矿物含量较少，主要矿物为方解石、伊利石、高岭石、石英、黄铁矿等；黄铁矿以星点状嵌布、黏土矿物充填于显微组分的胞腔内，分别对应图 4-6(a)(b)(c)；镜质组和惰质组相间嵌布分布，嵌布粒度为 20～250 μm，对应图 4-6(d)(e)(f)。综上，SW 为惰质组含量较高的优质煤种。

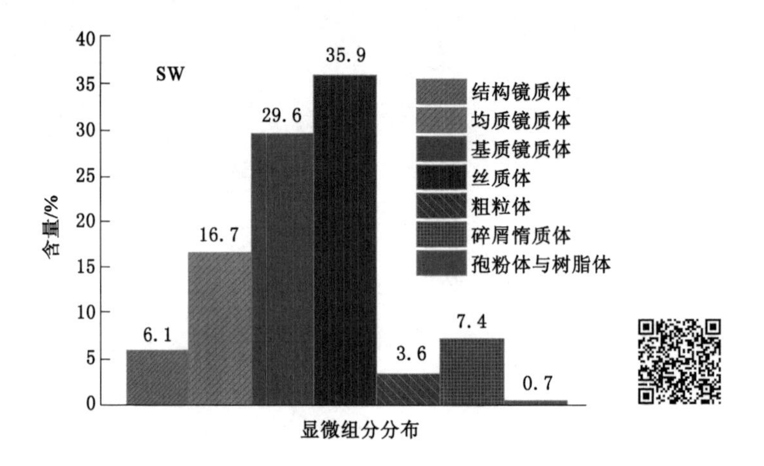

图 4-4 原煤的显微组分分布图（扫描右侧二维码可查看相应彩图）

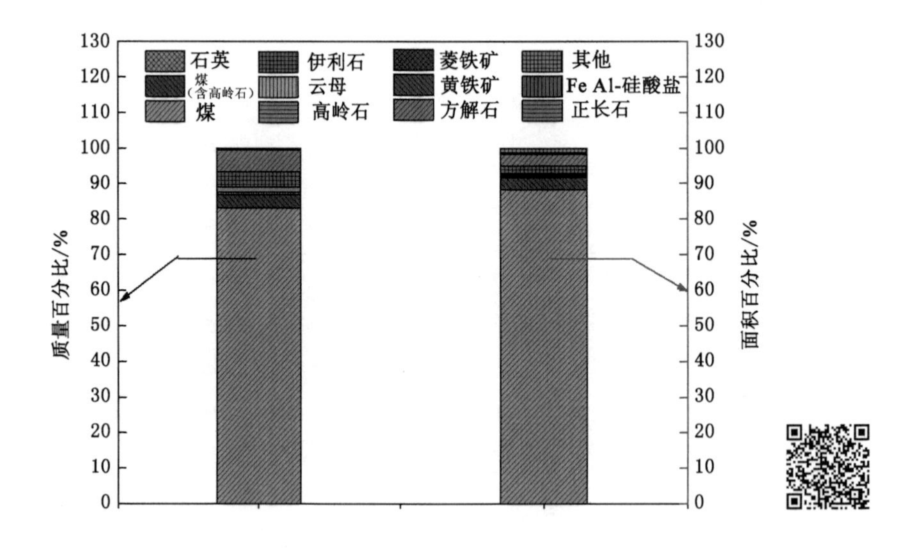

图 4-5 SW 中主要矿物的含量分布（扫描右侧二维码可查看相应彩图）

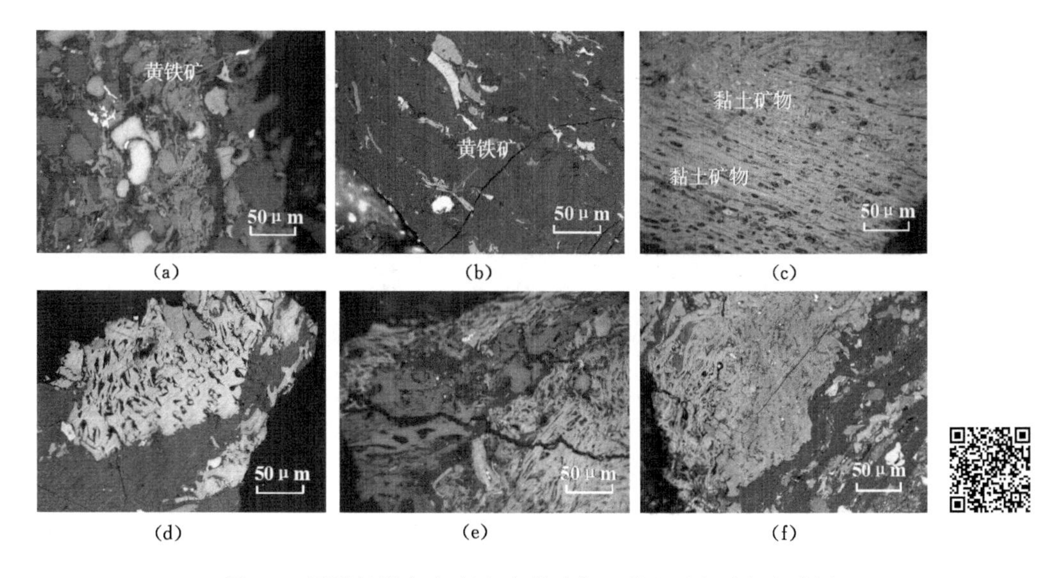

图 4-6　原煤的煤岩光片图(扫描右侧二维码可查看相应彩图)

二、气流粉碎-精细分级工艺入料粒度的探索

为探究气流粉碎-精细分级、分质技术的最佳入料粒度，采用颚式破碎机将原煤(>6 mm)进行初碎，然后再采用辊式破碎机将其分别细碎至－1 mm、－0.5 mm、－0.125 mm，以此三个粒度的物料分别作为气流粉碎-精细分级工艺系统的入料，探讨入料粒度变化对气流粉碎-精细分级工艺分质效果的影响。图 4-7 和图 4-8 所示分别为不同入料粒度条件下气流粉碎-精细分级工艺产品的灰分、硫分分布和灰分梯度、硫分梯度情况。

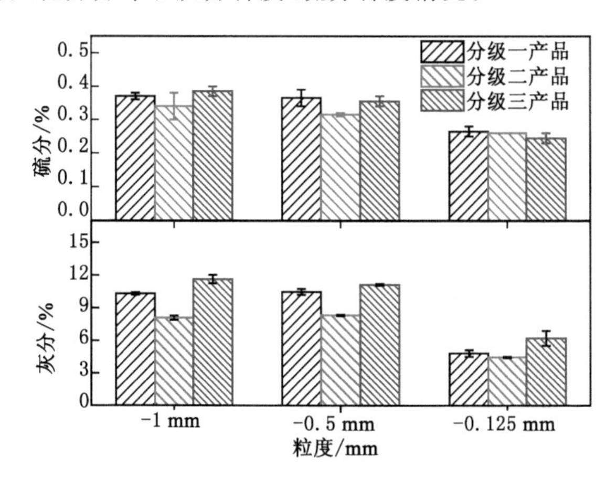

图 4-7　不同入料粒度条件下气流粉碎-精细分级工艺产品的灰分和硫分分布

不同入料粒度条件下，从分级一产品到分级三产品灰分呈现先减小后增大的趋势。在－1 mm 和－0.5 mm 入料粒度条件下，从分级一产品到分级三产品硫分先减小后增大；在－0.125 mm 入料粒度条件下各气流粉碎-精细分级工艺产品硫分变化并不明显。分析原因为：在气流粉碎作用下煤与嵌布的矿物质发生解离，在进一步精细分级过程中不同嵌布粒度

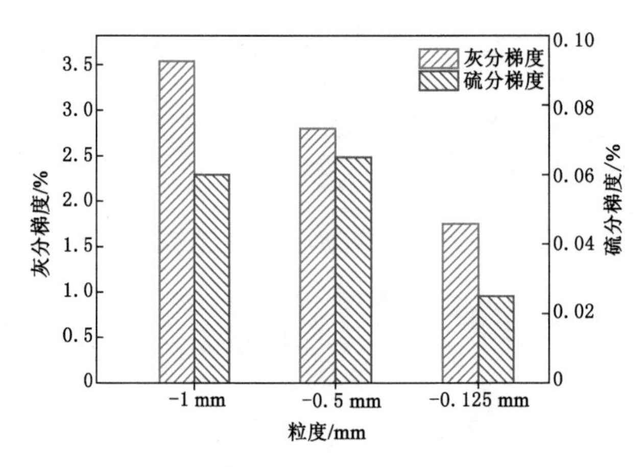

图 4-8　不同入料粒度条件下气流粉碎-精细分级工艺产品的灰分梯度和硫分梯度分布

的矿物在不同分级产品中富集，对应其灰分和硫分的变化；对于入料粒度较细的颗粒，推测较细的粒度会削弱粉碎-分级效果，对应产品硫分变化不明显。

综合比较不同入料粒度条件下气流粉碎-精细分级工艺产品的灰分梯度和硫分梯度，－1 mm 入料粒度条件下气流粉碎-精细分级工艺产品的灰分梯度可达 3.54%，硫分梯度可达 0.06%，提质效果相对较好。

对于煤炭分选来说，常规重介质分选的粒度范围为 3～6 mm，分选下限相对较粗；而在干法分选研究方面，中国矿业大学相关课题组发现在磁稳定流化床中进行低密度分选对于 1～6 mm 细粒煤炭是可行的[135,136]。另一方面，常规浮选的粒度上限为 0.5 mm，由于不同分选技术的粒度范围存在差异，常规选煤技术在有效分选粒度衔接上存在缺失，这也是导致实际生产中粗煤泥不能有效分选的根本原因。因此，为了节省能耗并实现煤炭分选粒度的有效衔接，选取－1 mm 原煤作为气流粉碎-精细分级工艺系统的入料粒度进行研究是很有意义的。

图 4-9 为－1 mm 煤样的粒度分布和扫描电镜图。从图中可以看出：其主要粒度介于几十到几百微米之间，呈现多峰分布；煤样表面粗糙，呈现不规则状，棱角分明。

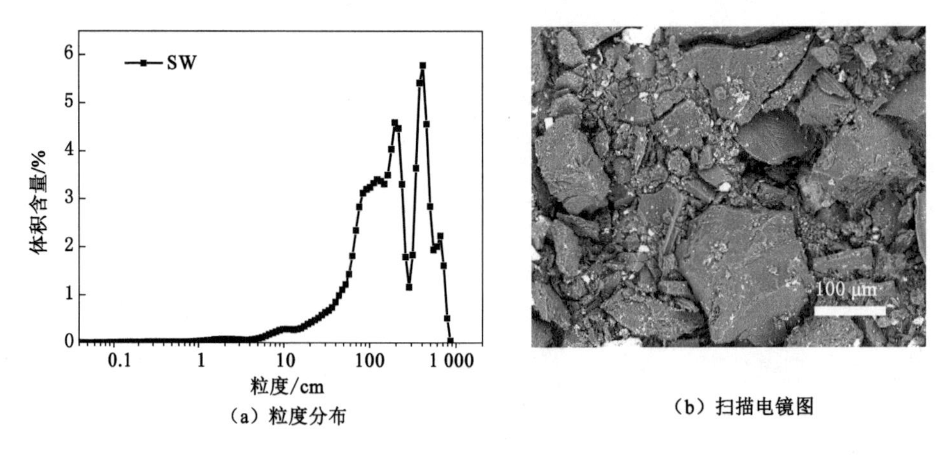

图 4-9　－1 mm 煤样的粒度分布和扫描电镜图

三、气流粉碎-精细分级工艺参数对煤显微组分迁移规律的影响

根据已有的研究基础[137]，设计气流粉碎-精细分级工艺的单因素试验，其工艺参数设定如表 4-2 所示，其中 A、B、C、D 分别代表一级分级机转速、二级分级机转速、粉碎压力和入料量。

表 4-2　单因素试验参数设定表

试验编号	一级分级机转速 /(r/min)	二级分级机转速 /(r/min)	粉碎压力 /MPa	入料量 /(g/min)
A1	4 800	18 000	0.5	84
A2	6 000	18 000	0.5	84
A3	6 400	18 000	0.5	84
A4	7 200	18 000	0.5	84
A5	8 000	18 000	0.5	84
B1	6 000	12 000	0.5	84
B2	6 000	14 400	0.5	84
B3	6 000	16 000	0.5	84
B4	6 000	18 000	0.5	84
B5	6 000	18 400	0.5	84
C1	6 000	18 000	0.4	84
C2	6 000	18 000	0.45	84
C3	6 000	18 000	0.5	84
C4	6 000	18 000	0.55	84
C5	6 000	18 000	0.6	84
D1	6 000	18 000	0.5	60
D2	6 000	18 000	0.5	70
D3	6 000	18 000	0.5	80
D4	6 000	18 000	0.5	90
D5	6 000	18 000	0.5	100

（一）一级分级机转速对煤显微组分迁移规律的影响

图 4-10 和图 4-11 分别对应不同一级分级机转速条件下气流粉碎-精细分级工艺产品中煤显微组分含量和产率图。由图分析可知：分级三产品中惰质组含量较高，且随着一级分级机转速的增大，分级三产品中的惰质组含量出现先增大后减小的变化趋势，当一级分级机转速为 6 400 r/min 时，惰质组含量最大达到 62.06%；当一级分级机转速为 4 800 r/min 时，镜质组含量最高达到 60.24%。显微组分的产率在各产品中波动较大。

不同一级分级机转速条件下煤显微组分在气流粉碎-精细分级工艺产品中的迁移率见图 4-12。从分级一产品到分级三产品，镜质组和惰质组的迁移率出现波动。当一级分级机转速为 6 400 r/min 时，镜质组和惰质组的迁移率在分级一产品中达到最大，分别为

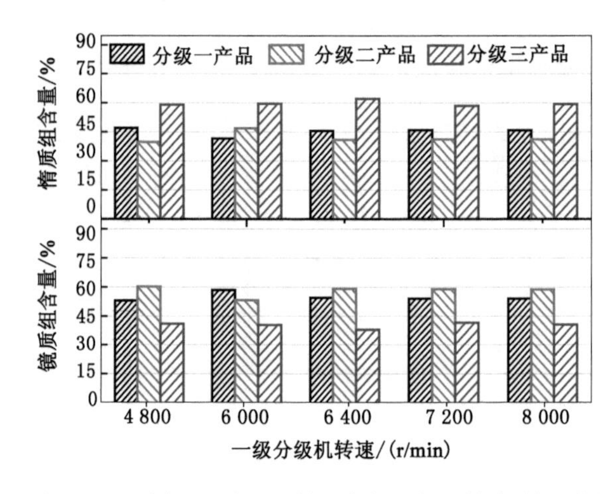

图 4-10　不同一级分级机转速条件下气流粉碎-精细分级工艺产品中镜质组和惰质组含量图

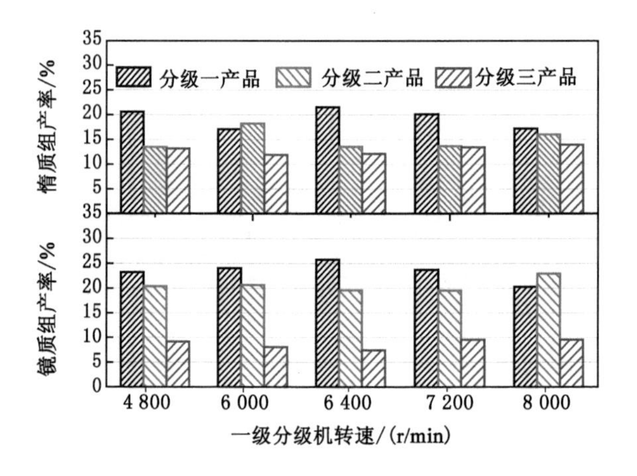

图 4-11　不同一级分级机转速条件下气流粉碎-精细分级工艺产品中镜质组和惰质组产率图

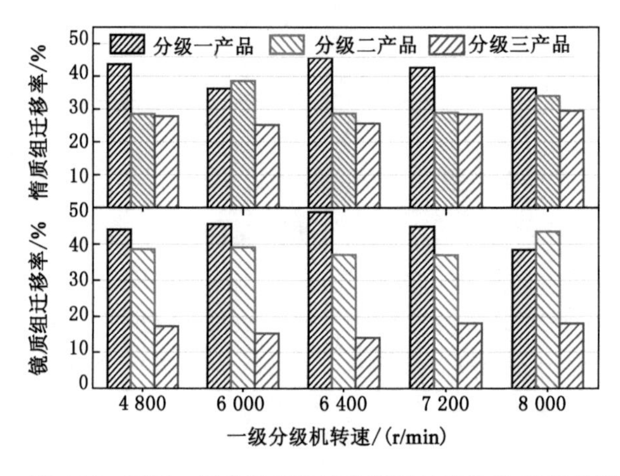

图 4-12　不同一级分级机转速条件下气流粉碎-精细分级工艺产品中镜质组和惰质组迁移率图

48.84%、45.62%。

图 4-13 所示为不同一级分级机转速条件下显微组分富集情况。随着一级分级机转速逐渐增大，D 值和 Q 值出现波动；在一级分级机转速为 6 400 r/min 时，两个值均达到最大，分别为 22.86%、5.80%。

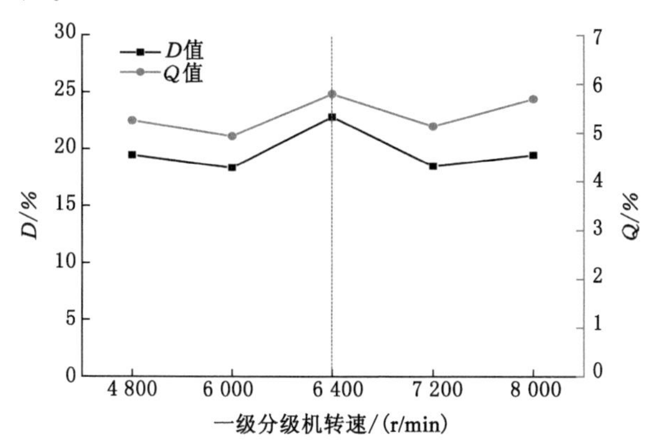

图 4-13　不同一级分级机转速条件下显微组分富集情况

随着一级分级机转速的增加，物料在流化床气流粉碎机的粉碎腔中停留时间增加，对应粉碎解离程度加大，通过精细分级作用而体现的分选效果得以强化；进一步增加一级分级机转速，则使得粉碎腔内物料过粉碎的概率增大，煤中部分组分因过粉碎而趋于细化，减弱了后续分级所能体现的分选效果。综上分析，当一级分级机转速为 6 400 r/min 时，对应煤显微组分的富集程度最好。

（二）二级分级机转速对煤显微组分迁移规律的影响

不同二级分级机转速条件下气流粉碎-精细分级工艺产品中煤显微组分含量和产率分别见图 4-14 和图 4-15。由图分析可知：分级三产品中惰质组的含量最高；分级一产品和分级二产品中镜质组含量高于惰质组含量；分级二产品中镜质组的含量和产率均高于其他两种产品。

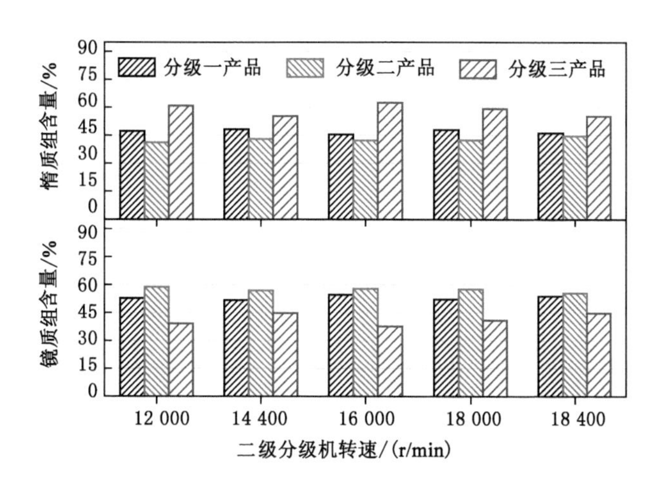

图 4-14　不同二级分级机转速条件下气流粉碎-精细分级工艺产品中镜质组和惰质组含量图

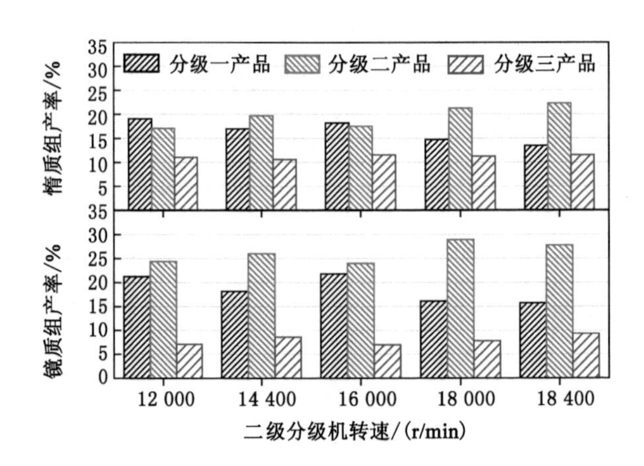

图 4-15　不同二级分级机转速条件下气流粉碎-精细分级工艺产品中镜质组和惰质组产率图

经气流粉碎作用后，镜质组主要在粗粒级产品中富集，由此在精细分级过程中主要进入分级二产品；惰质组主要在细粒级产品中富集，由此在精细分级过程中最终进入分级三产品。在二级分级机转速为 12 000 r/min 时，镜质组含量最大，可达 58.81%；在二级分级机转速为 16 000 r/min 时，惰质组含量最大，可达 62.36%。

图 4-16 为不同二级分级机转速下煤显微组分在气流粉碎-精细分级工艺产品中的迁移率情况。随着二级分级机转速的增大，镜质组的迁移率从分级一产品到分级三产品呈现先增大后减小的变化趋势，其中镜质组迁移率最大可达 54.76%；惰质组含量出现波动，其中惰质组迁移率最大可达 47.15%。

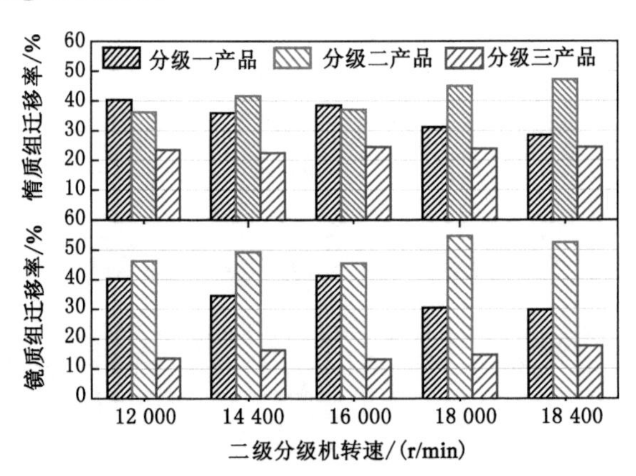

图 4-16　不同二级分级机转速下气流粉碎-精细分级工艺产品中镜质组和惰质组迁移率图

不同二级分级机转速下显微组分富集情况见图 4-17。从图中可以看出：随着二级分级机转速逐渐增大，D 值和 Q 值呈现先减小后增大再减小的规律变化。在二级分级机转速为 16 000 r/min 时，两个值均达到最大，分别为 21.96%、5.60%。综上分析，当二级分级机转速为 16 000 r/min 时，对应煤显微组分的富集程度最好。

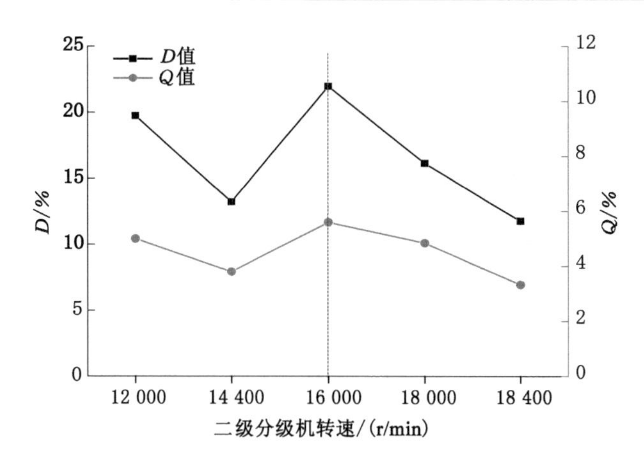

图 4-17　不同二级分级机转速下显微组分富集情况

（三）粉碎压力对煤显微组分迁移规律的影响

粉碎压力是物料在粉碎腔内粉碎的动力来源。粉碎压力越大，煤样在粉碎腔体中的运动速率越大，颗粒之间的相互碰撞越剧烈。图 4-18 和图 4-19 分别为不同粉碎压力条件下气流粉碎-精细分级工艺产品中显微组分的含量图和产率图。综合分析可知：分级三产品中惰质组含量仍然最高；随着粉碎压力的增大，从分级一产品到分级三产品镜质组含量出现一定波动，但变化不明显。当粉碎压力为 0.5 MPa 时，镜质组和惰质组的含量达到最大，分别为 60.45%和 60.57%。镜质组产率在分级二产品中出现明显的先增大后减小的变化趋势。

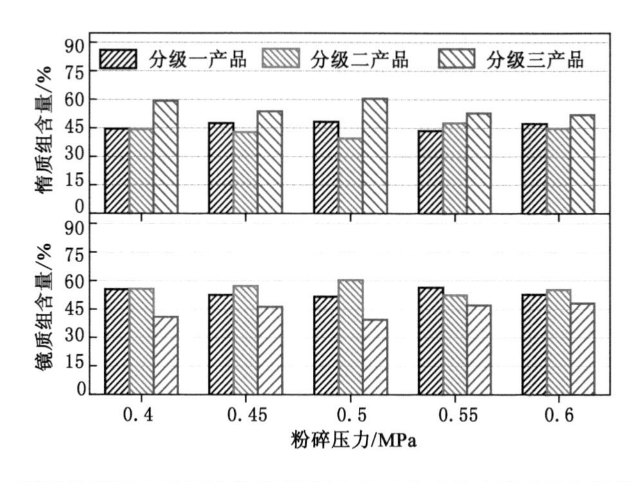

图 4-18　不同粉碎压力下气流粉碎-精细分级工艺产品中镜质组和惰质组含量图

图 4-20 反映了不同粉碎压力条件下煤显微组分在气流粉碎-精细分级工艺产品中的迁移率情况。随着粉碎压力的增大，惰质组和镜质组的迁移率在分级二产品中出现了先增大后减小的变化趋势。镜质组迁移率最大达到 59.01%，惰质组迁移率最大达到 52.99%。

图 4-21 所示为不同粉碎压力条件下显微组分的富集情况。从图中可以看出随着粉碎压力的增大，D 值和 Q 值出现先减小后增大再减小的变化趋势。在粉碎压力为 0.5 MPa 时，D 值和 Q 值达到最大，分别为 22.1%、6.24%。

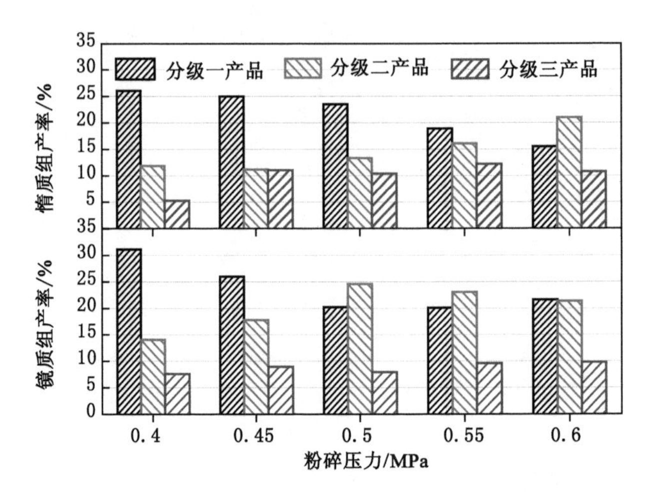

图 4-19　不同粉碎压力下气流粉碎-精细分级工艺产品中镜质组和惰质组产率图

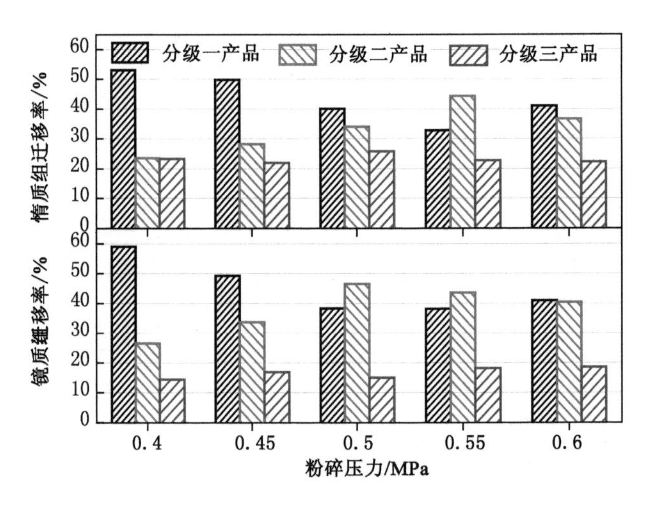

图 4-20　不同粉碎压力下气流粉碎-精细分级工艺产品中镜质组和惰质组迁移率图

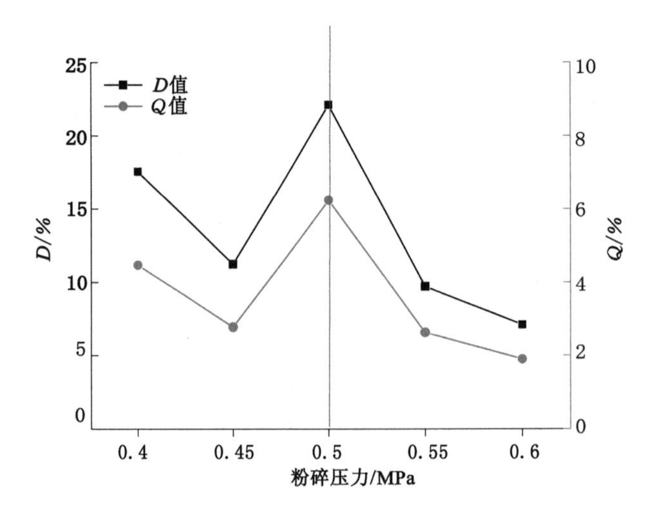

图 4-21　不同粉碎压力条件下显微组分富集情况

粉碎压力较小时，物料相互碰撞的速率及概率较小，煤中组分难以被进一步粉碎，尤其是一些嵌布粒度较细的组分，由此造成显微组分在分级产品中的富集效果不理想；随着粉碎压力的增大，物料粉碎强度增加，相应显微组分的解离程度增加，通过进一步的精细分级可实现不同显微组分较好的富集效果；随着粉碎压力的进一步增大，一些强度脆的显微组分趋于细化，易造成精细分级过程的错配，由此弱化相应的富集效果。综上分析，在粉碎压力为0.5 MPa时，对应煤显微组分的富集效果最好。

（四）入料量对煤显微组分迁移规律的影响

图 4-22 和图 4-23 分别为不同入料量条件下气流粉碎-精细分级工艺产品煤显微组分含量图和产率图。由图分析可知：随着入料量的变化，显微组分在气流粉碎-精细分级工艺产品中的变化规律不明显，其在分级三产品中的产率最低；惰质组在分级三产品中的含量较高。在入料量为 100 g/min 时，在分级三产品中惰质组含量最大，达到 61.59%，在分级二产品中镜质组含量最大，达到 60.77%。

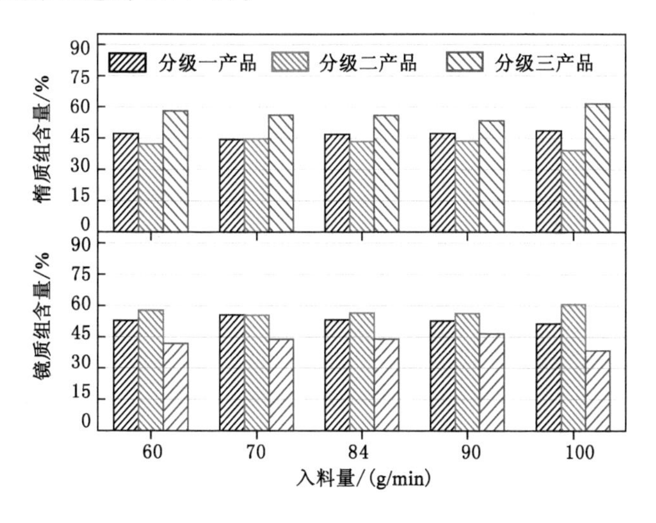

图 4-22　不同入料量条件下气流粉碎-精细分级工艺产品中镜质组和惰质组含量图

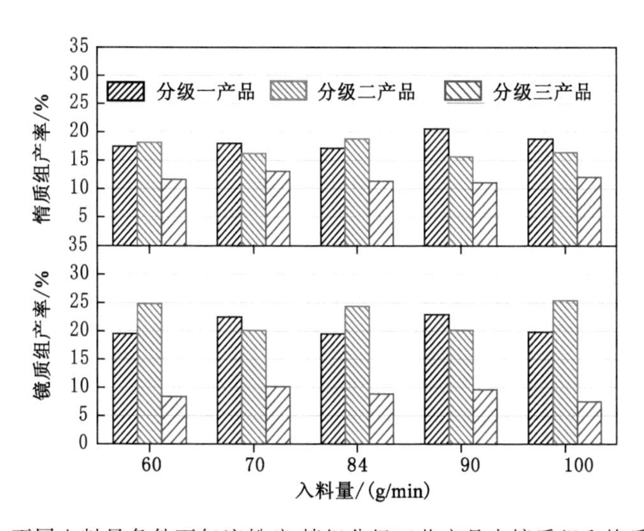

图 4-23　不同入料量条件下气流粉碎-精细分级工艺产品中镜质组和惰质组产率图

不同入料量条件下气流粉碎-精细分级工艺产品中镜质组和惰质组迁移率见图 4-24。由图分析可知:随着入料量的增加,分级二产品中镜质组迁移率波动较大,其他分级产品中显微组分迁移率的变化较小。初步推测入料量对煤显微组分富集的影响相对较小。

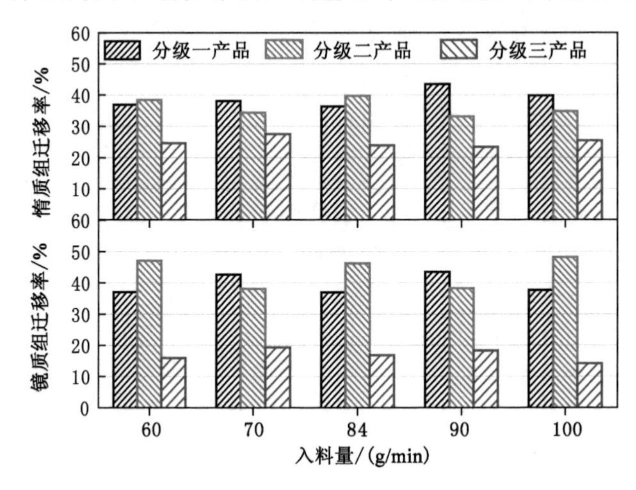

图 4-24　不同入料量条件下气流粉碎-精细分级工艺产品中镜质组和惰质组迁移率图

图 4-25 所示为不同入料量条件下显微组分富集情况。由图分析可知:随着入料量的增加,D 值和 Q 值均出现先减小后增大的变化趋势;在试验范围内,对应入料量为 100 g/min 时,D 值和 Q 值达到最大值,分别为 23.75%,6.68%。综上分析,在入料量为 100 g/min 时,对应煤显微组分的富集效果较好。

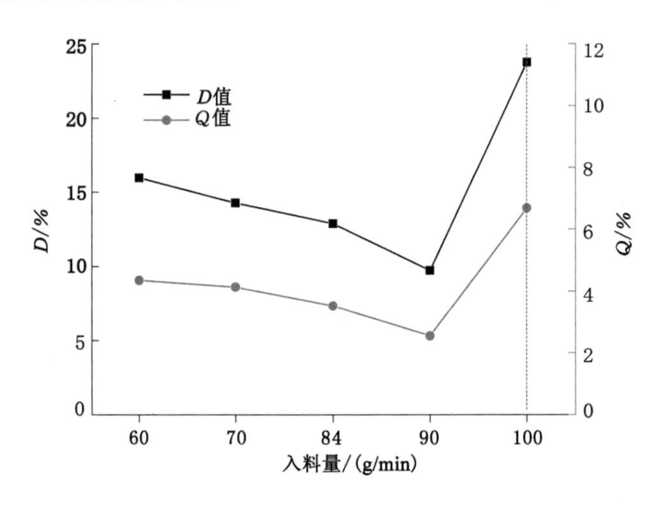

图 4-25　不同入料量条件下显微组分富集情况

四、正交试验分析

(一) 气流粉碎-精细分级产品显微组分定量分析

以上探索得到单因素条件下煤显微组分富集效果最好的气流粉碎-精细分级工艺参数分别是:一级分级机转速 6 400 r/min、二级分级机转速 16 000 r/min、粉碎压力 0.5 MPa、入料量 100 g/min。在此基础上设计正交试验，探索实现煤显微组分富集的最佳工艺条件。正交试验因素和水平如表 4-3 所示。

表 4-3　正交试验因素和水平

水平	因素			
	A 一级分级机转速 /(r/min)	B 二级分级机转速 /(r/min)	C 粉碎压力 /MPa	D 入料量 /(g/min)
水平一	6 000	14 000	0.45	90
水平二	6 400	16 000	0.50	100
水平三	6 800	18 000	0.55	108

图 4-26 和图 4-27 为正交试验条件下气流粉碎-精细分级工艺产品中显微组分含量及产率图。从图中分析可知：在不同工艺参数条件下，镜质组主要易在分级一产品和分级二产品中富集，惰质组易在分级三产品中富集；镜质组和惰质组均在分级二产品中产率相对较高。

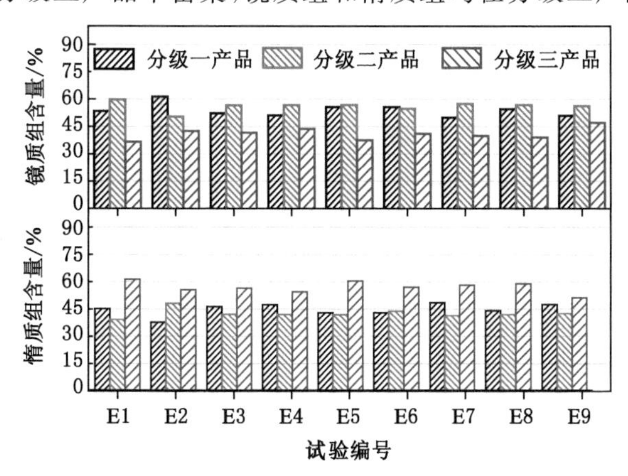

图 4-26　正交试验条件下气流粉碎-精细分级工艺产品中镜质组和惰质组含量图

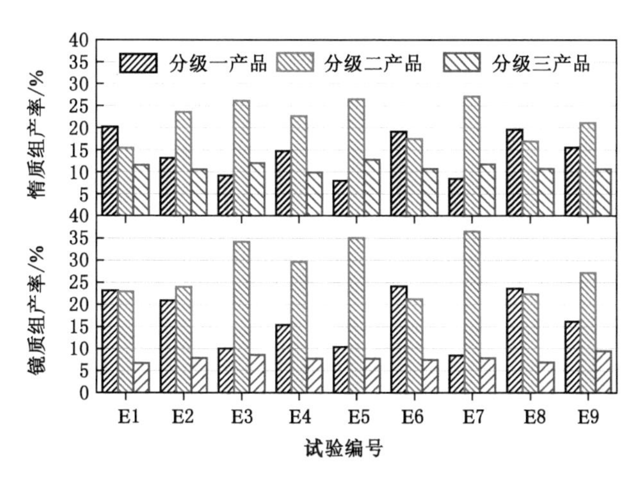

图 4-27　正交试验条件下气流粉碎-精细分级工艺产品中镜质组和惰质组产率图

表 4-4 为正交试验条件下显微组分富集结果分析表。在研究范围内，采用气流粉碎-精细分级工艺实现煤显微组分富集的最优参数条件为 $A_1B_2C_3D_2$，即对应一级分级机转速 6 000 r/min、二级分级机转速 16 000 r/min、粉碎压力 0.55 MPa、给料量 100 g/min。由极差分析得到各因素对煤显微组分富集效果影响大小为：二级分级机转速＞粉碎压力＞一级分级机转速＞入料量。

表 4-4　正交试验条件下显微组分富集结果分析表

试验编号	一级分级机转速/(r/min)	二级分级机转速/(r/min)	粉碎压力/MPa	入料量/(g/min)	表征值	
					D 值	Q 值
E1	6 000	14 000	0.45	90	23.77	5.91
E2	6 000	16 000	0.5	100	21.06	5.89
E3	6 000	18 000	0.55	108	15.57	4.76
E4	6 400	14 000	0.5	108	14.66	4.17
E5	6 400	16 000	0.55	90	22.32	6.22
E6	6 400	18 000	0.45	100	16.74	4.21
E7	6 800	14 000	0.55	100	20.27	5.93
E8	6 800	16 000	0.45	108	19.59	4.8
E9	6 800	18 000	0.5	90	11.01	3.41
K_1	16.56	16.01	14.30	15.54	—	—
K_2	14.60	16.91	13.47	16.03	—	—
K_3	14.14	12.38	16.91	13.73	—	—
$K_1/3$	5.52	5.34	4.77	5.18	—	—
$K_2/3$	4.87	5.64	4.49	5.34	—	—
$K_3/3$	4.71	4.13	5.64	4.58	—	—
极差 R	0.81	1.51	1.15	0.76	—	—
主次顺序	B＞C＞A＞D				—	—
优水平	A_1	B_2	C_3	D_2	—	—
优组合	$A_1B_2C_3D_2$				—	—

在此基础上采用正交试验最优参数得出镜质组含量最大为 58.90%，分布于分级一产品中，惰质组含量最大为 60.22%，分布于分级三产品中。

（二）气流粉碎-精细分级工艺产品粒度分析

对正交试验中各气流粉碎-精细分级工艺产品进行激光粒度分析，得到对应粒度分布如图 4-28 所示。不同气流粉碎-精细分级工艺条件下对应产品的粒度分布特征不同：第 E5 组和第 E6 组工艺条件下对应分级一产品出现明显的单峰分布；第 E2、E3、E4、E7 组对应分级一产品基本呈现双峰分布；第 E6、E8、E9 组分级二产品出现单峰分布；分级三产品基本均出现多峰分布。整体评价第 E6 组气流粉碎-精细分级工艺条件下，即对应一级分级机转速 6 400 r/min、二级分级机转速 18 000 r/min、粉碎压力 0.45 MPa、入料量 100 g/min，各产品

的粒度分布较集中。

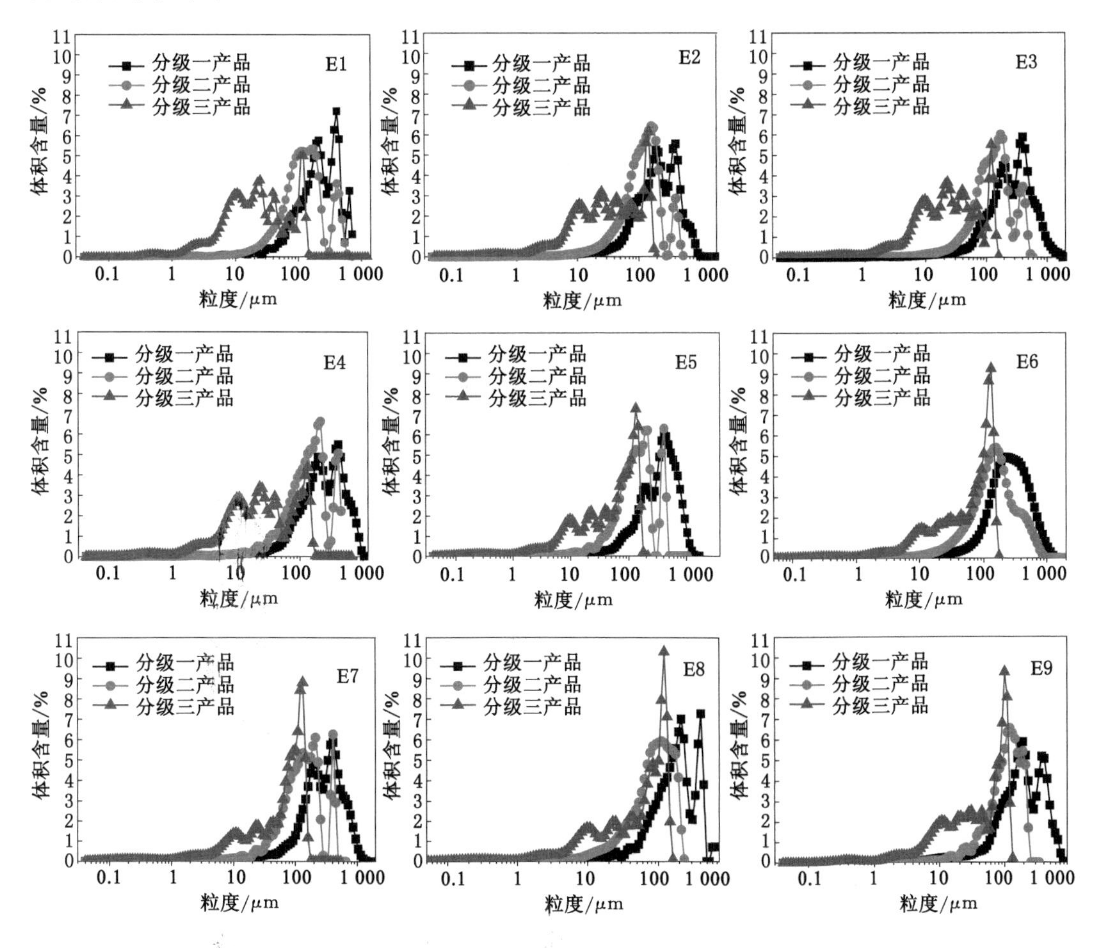

图 4-28　不同正交试验条件下气流粉碎-精细分级工艺产品的粒度分布图

第二节　预分级-气流粉碎-精细分级分质技术

通过气流粉碎-精细分级工艺参数对煤显微组分迁移规律的研究可知，基于气流粉碎-精细分级的技术可以实现一定的煤显微组分富集效果。为进一步探讨该工艺的延展性，拓展技术潜力，探讨预分级-气流粉碎-精细分级工艺对煤显微组分迁移特性的影响规律。

一、预分级工艺设计

Djordjevic[138]通过减少热能消耗来提高粉碎过程的效率，提出窄的入料级别可以提高粉碎过程中的净粉碎能。借鉴该思想，设计预分级工艺流程如图 4-29 所示。将－1 mm 原煤筛分为＋0.5 mm、0.5～0.25 mm、－0.25 mm 三个粒级，对应煤岩光片如图 4-30 所示。从图中可以看出：部分颗粒出现了完全解离的镜质组和惰质组[图 4-30(d)(e)(f)]，但是大颗粒中仍然有较多未能解离的显微组分[图 4-30(a)(b)(c)]，其中镜质组和惰质组相间嵌布。

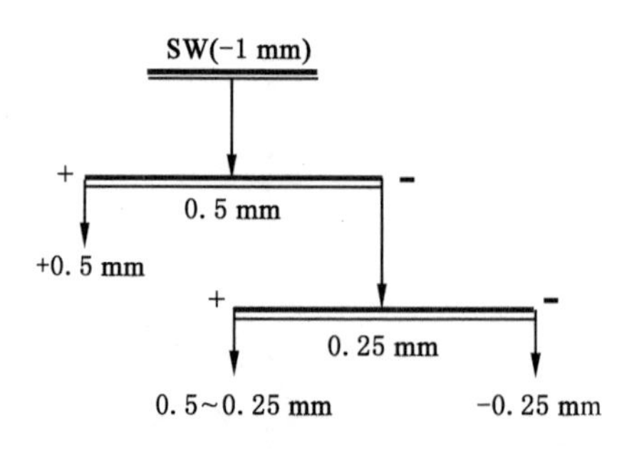

图 4-29　原煤预分级工艺流程图

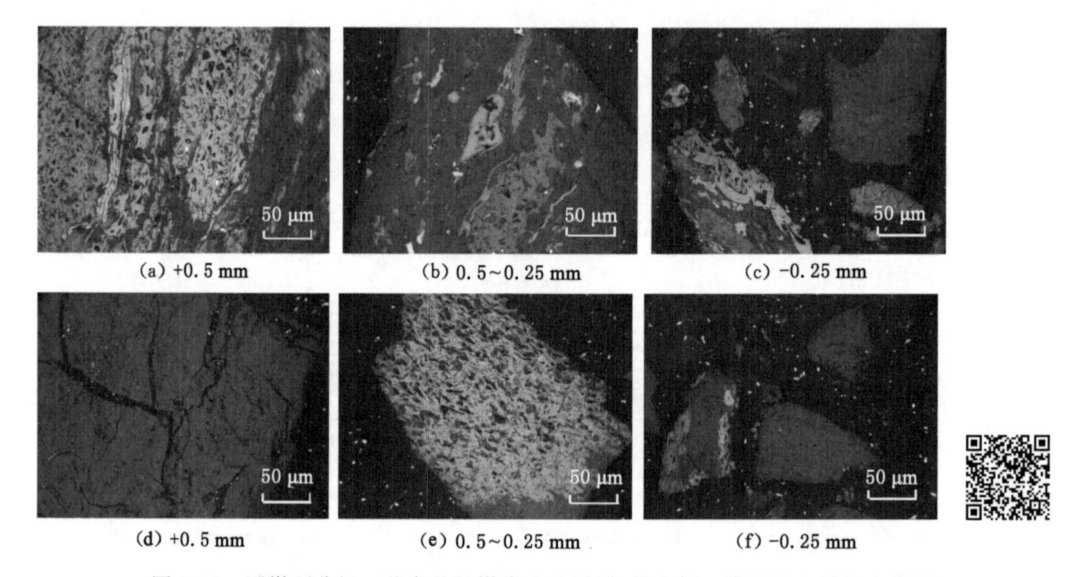

图 4-30　原煤预分级工艺产品的煤岩光片图(扫描右侧二维码可查看相应彩图)

图 4-31 所示为预分级工艺产品中显微组分含量、灰分及产率分布情况。由图分析可知:煤显微组分在预分级工艺产品中出现了不同程度的富集。镜质组主要集中分布于－0.25 mm 的细颗粒中,含量最高达到 53.88%,且产率最高达到 48.83%。惰质组主要集中分布于＋0.5 mm 和 0.5～0.25 mm 的颗粒中,对应含量分别可达 50.01%、50.29%。

二、预分级-气流粉碎-精细分级工艺分质效果探究

(一) 显微组分富集规律研究

将经过预分级后得到的＋0.5 mm、0.5～0.25 mm、－0.25 mm 三个粒级煤样分别作为入料给入气流粉碎-精细分级工艺系统中,形成三套预分级-气流粉碎-精细分级工艺,对应试验编号分别为 F1、F2、F3。

图 4-32 为 F1 对应预分级-气流粉碎-精细分级工艺产品的煤岩光片图。由图分析可知:分级一产品和分级二产品中均出现完全解离的镜质组[图 4-32(a)(d)]和惰质组[图 4-32(b)(e)],但是仍然存在镜质组被惰质组包裹的情况,这些镜质组的嵌布粒度为 100～300 μm[图 4-32(f)],未能完全解离。此外,镜质组中还嵌布有粒度较细的惰质组(粒度为 30～80 μm),难以解离。

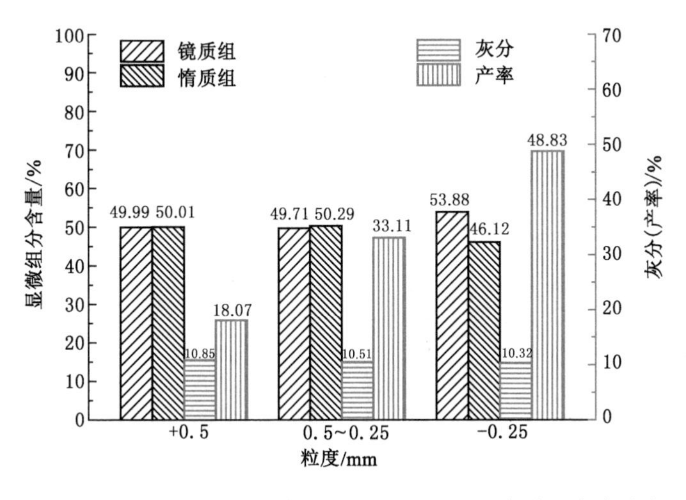

图 4-31　原煤预分级工艺产品中显微组分含量、灰分及产率分布图

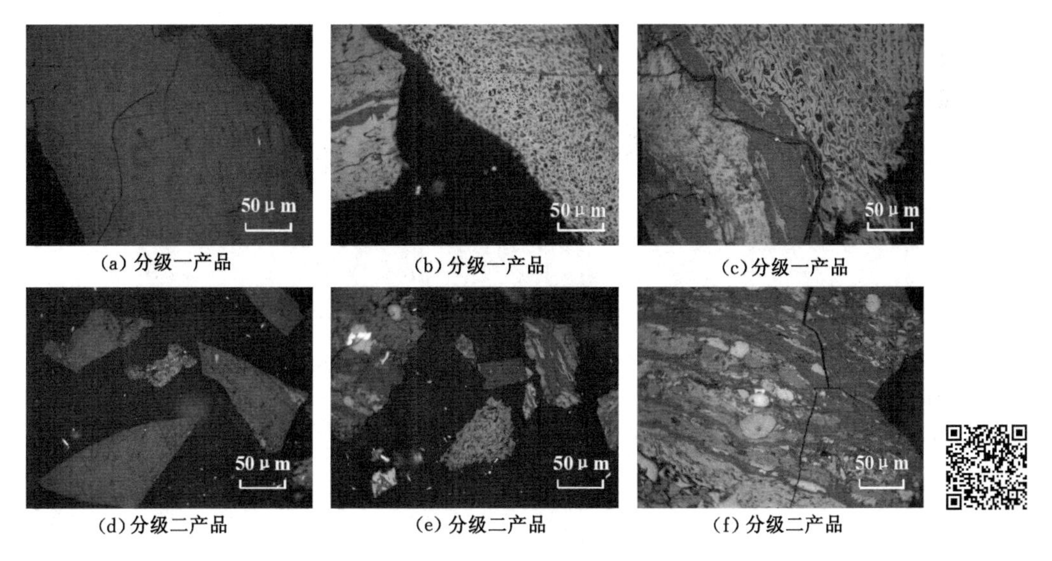

图 4-32　F1 对应预分级-气流粉碎-精细分级工艺产品的煤岩光片图(扫描右侧二维码可查看相应彩图)

图 4-33 为 F2 对应预分级-气流粉碎-精细分级工艺产品的煤岩光片图。从图中可以看出，F2 较 F1 颗粒中完全解离的镜质组和惰质组的粒度变小，分级一产品中解离颗粒的粒度为 100～250 μm，分级二产品中解离的颗粒粒度为 40～250 μm[图 4-33(a)(b)(d)(e)]，且一部分颗粒中镜质组和惰质组分层条状嵌布紧密，难以解离。

图 4-34 为 F3 对应预分级-气流粉碎-精细分级工艺产品的煤岩光片图。从图中可以看出：分级二产品颗粒较分级一产品颗粒粒度更均匀，镜质组呈现条块状，其中分级一产品中解离的颗粒粒度为 120～180 μm，分级二产品中解离的颗粒粒度为 40～140 μm[图 4-34(d)(e)]，但颗粒中仍然出现明显镜质组和惰质组相间分布的情况[图 4-34(c)]。

图 4-35、图 4-36、图 4-37 所示分别为 F1、F2、F3 对应预分级-气流粉碎-精细分级工艺产品中显微组分含量、灰分(产率)及硫分分布图。整体分析可知：当入料粒度为 +0.5 mm 和 0.5～0.25 mm 时，显微组分在预分级-气流粉碎-精细分级工艺产品中的富集规律为：从分

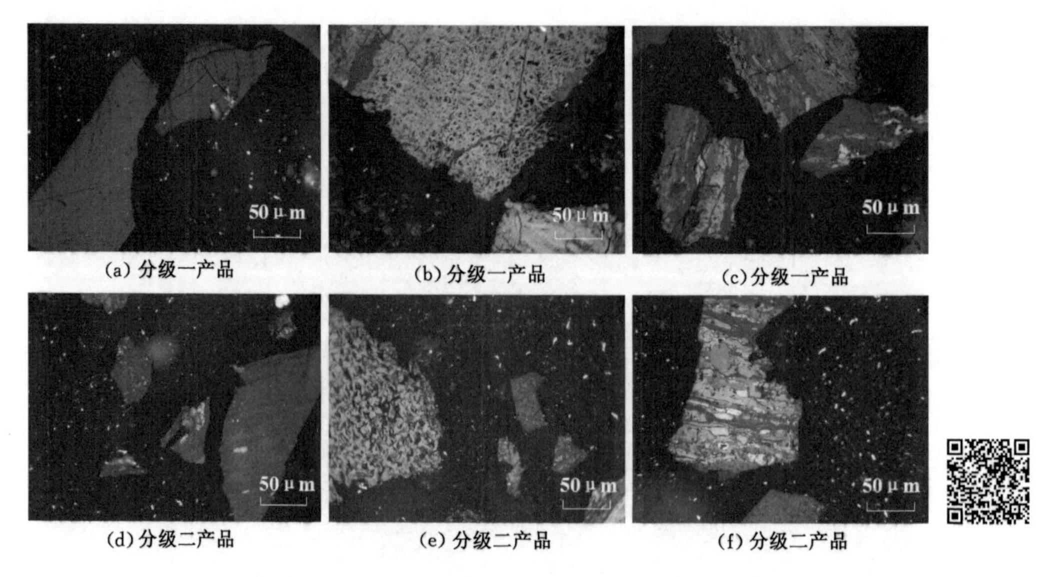

图 4-33　F2 对应预分级-气流粉碎-精细分级工艺产品的煤岩光片图(扫描右侧二维码可查看相应彩图)

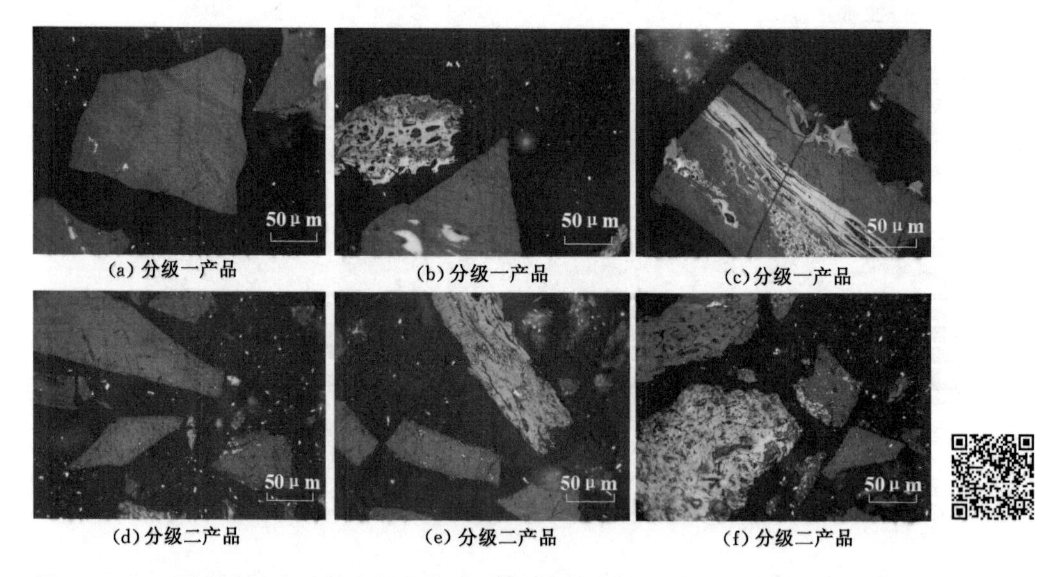

图 4-34　F3 对应预分级-气流粉碎-精细分级工艺产品的煤岩光片图(扫描右侧二维码可查看相应彩图)

级一产品到分级三产品，镜质组含量逐渐减小，惰质组含量逐渐增大，其中惰质组在 F1 分级三产品中富集含量最高，达到 73.33%。当入料粒度为 −0.25 mm 时，显微组分在各分级产品中的富集规律为：从分级一产品到分级三产品镜质组含量先增加后减小，惰质组含量先减少后增加，其中镜质组的含量最高可达 61.53%，富集率为 16.58%，分布于 F3 分级二产品中。

入料粒度对分级产品的产率影响较大：当入料粒度较大时(>0.25 mm)，产品主要在分级一产品中富集，对应其产率最大；当入料较细时(<0.25 mm)，产品主要在分级二产品中富集，对应其产率达到最大。

当入料粒度分别为 +0.5 mm、0.5～0.25 mm、−0.25 mm 时，从分级一产品到分级三

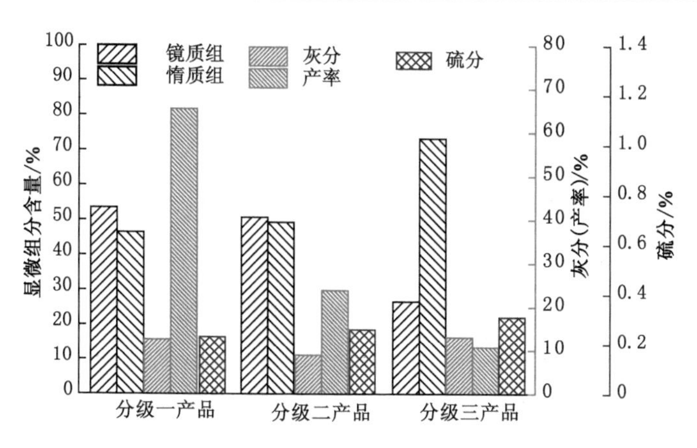

图 4-35　F1 对应预分级-气流粉碎-精细分级工艺产品中显微组分含量、灰分(产率)及硫分分布图

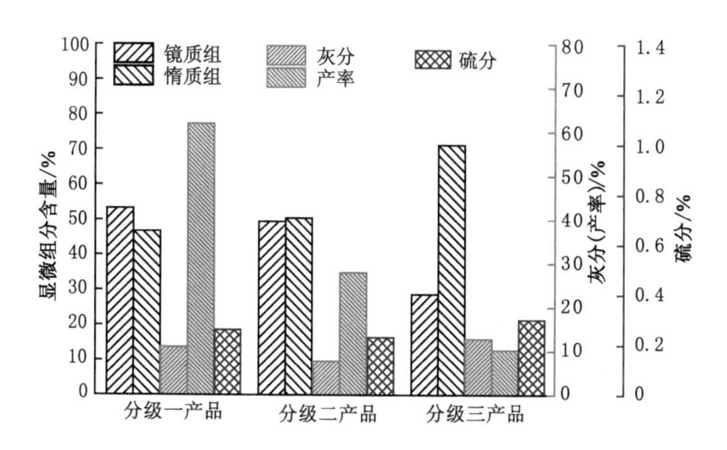

图 4-36　F2 对应预分级-气流粉碎-精细分级工艺产品中显微组分含量、灰分(产率)及硫分分布图

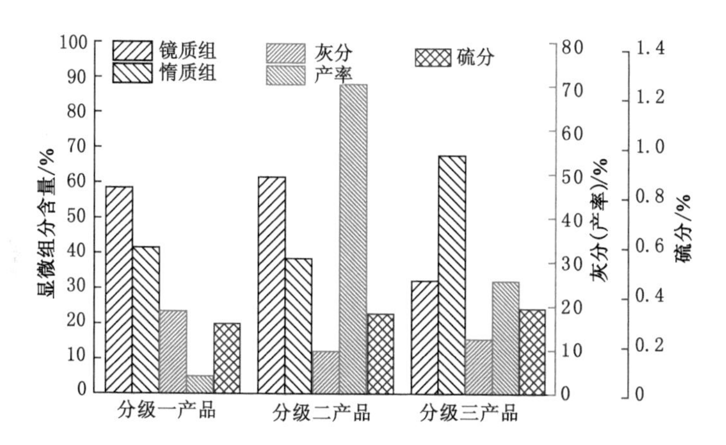

图 4-37　F3 对应预分级-气流粉碎-精细分级工艺产品中显微组分含量、灰分(产率)及硫分分布图

产品，灰分出现先减小后增大的变化趋势，最大灰分梯度达到9.07%；各分级产品也表现出一定的硫分梯度，最大硫分梯度为0.08%。

总体上看，强化分级的作用在于实现显微组分在不同的分级产品中进一步富集，由此分别得到富镜质组产品和富惰质组产品。预分级-气流粉碎-精细分级工艺整体上实现了一定的提质（分质）效果。

（二）预分级-气流粉碎-精细分级工艺产品的粒度分布

图4-38为预分级-气流粉碎-精细分级工艺产品的粒度分布图，从图中可以看出，F1和F3对应分级一产品的粒度分布较集中，其粒度分布曲线呈现单峰分布；F2和F3对应分级二产品粒度分布较集中，其粒度分布曲线基本呈现单峰分布；F1、F2和F3三组工艺条件下对应分级三产品的粒度分布曲线均呈现多峰分布。

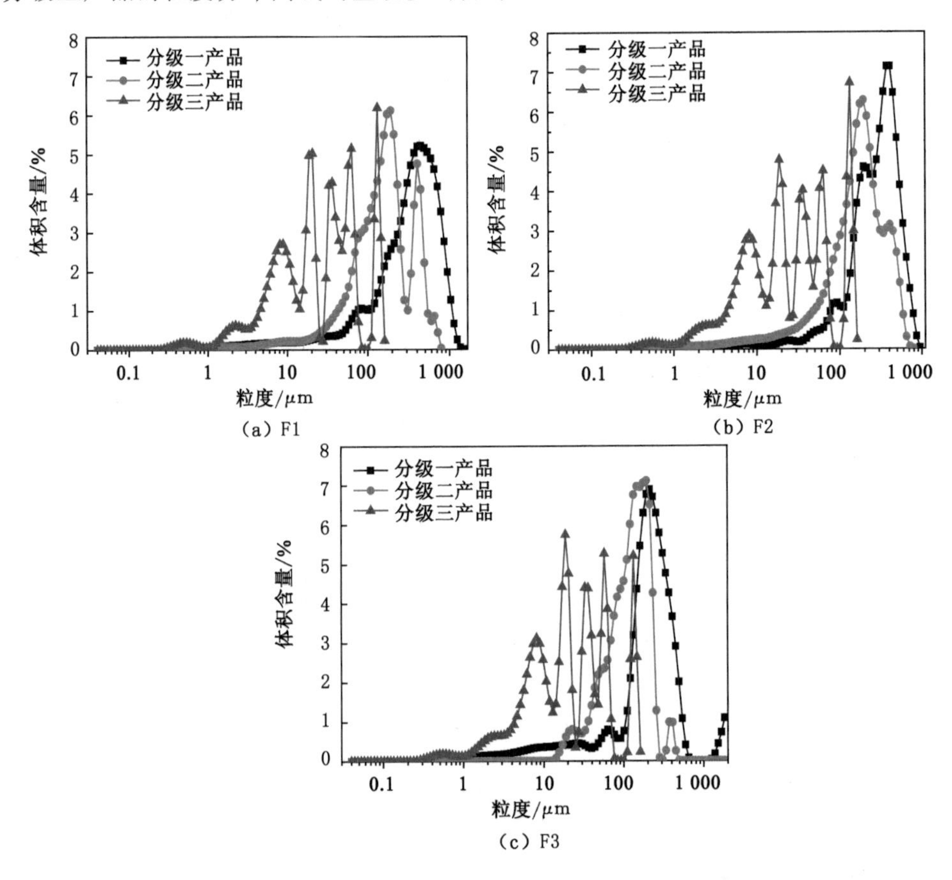

(a) F1　(b) F2　(c) F3

图4-38　预分级-气流粉碎-精细分级工艺产品的粒度分布图

综合前述分析，推测工艺过程为：气流粉碎冲击作用较强，其主要影响是促使颗粒沿其裂隙发生解离，不同显微组分对同一冲击粉碎方式的响应不同。镜质组显微脆度较大，韧性较小，冲击作用下首先发生选择性粉碎，以相对较大的粒度发生解离，进入分级一产品和分级二产品中，粒度分布均匀（单峰分布），其中值粒径介于130～300 μm，推测镜质组的解离粒度≤100 μm。惰质组因其孔隙发达，丝质体层状分布，对颗粒表面裂纹起到一定的阻挡作用，经过颗粒与颗粒、颗粒与气流的多次碰撞，主要发生随机粉碎（多峰分布），最终表现为以较细粒度进入分级三产品，其中值粒径约 20 μm。

第三节　多级粉碎-精细分级分质技术

一、多级粉碎-精细分级工艺设计

通过对超细粉碎-精细分级工艺产品的煤岩光片分析发现：分级一产品和分级二产品中仍然存在镜质组和惰质组相互嵌布未能完全解离的情况(图 4-39)，部分惰质组嵌布粒度为 30～80 μm。

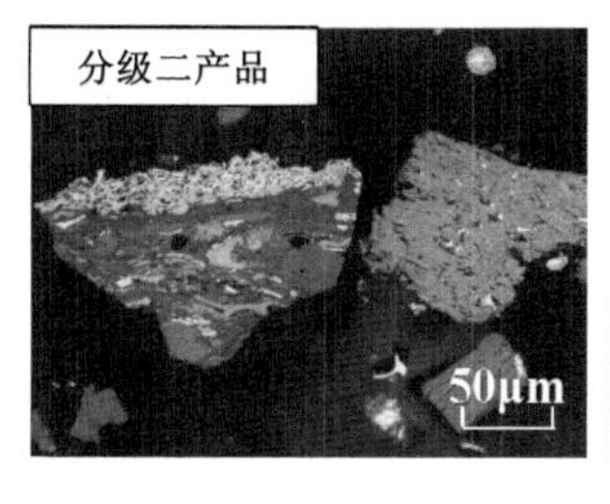

图 4-39　超细粉碎-精细分级工艺分级一产品和分级二产品煤岩光片图(扫描右侧二维码可查看相应彩图)

为进一步实现煤显微组分的充分解离，提出了多级粉碎-精细分级工艺，工艺流程图如图 4-40 所示。－1 mm 原煤经过首次经气流粉碎-精细分级后，进一步对得到的分级一产品和分级二产品进行气流粉碎-精细分级作业，对应作业编号记为 F4 和 F5。多级粉碎-精细分级工艺的各分级产品编号如图 4-40 所示。

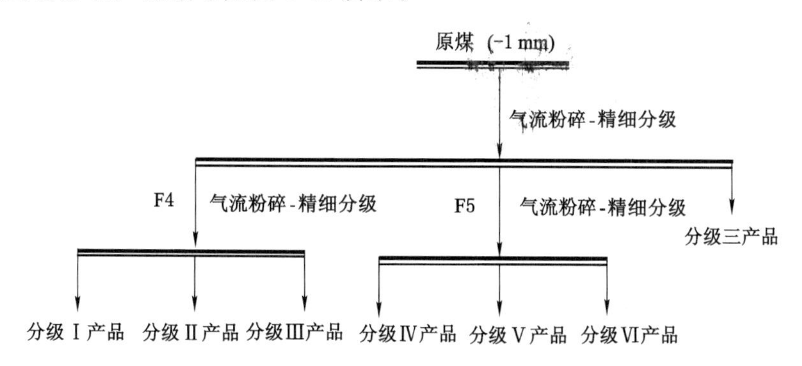

图 4-40　多级粉碎-精细分级工艺流程图

图 4-41 为 F4 对应分级Ⅰ产品和分级Ⅱ产品的煤岩光片图。比较气流粉碎-精细分级工艺和多级粉碎-精细分级工艺的分级产品，多级粉碎-精细分级工艺产品中各显微组分解离较完全，解离粒度为 50～250 μm[图 4-41(a)(b)(d)(e)]，但是也有少数颗粒存在镜质组和惰质组相间分布未能解离完全[图 4-41(c)(f)]。

图 4-42 为 F4 各分级产品中显微组分含量、灰分(产率)及硫分分布图。由图分析可知：从分级Ⅰ产品到分级Ⅲ产品，镜质组和惰质组的产率依次减小，即两种组分最大产率均出现在分级Ⅰ产品中。镜质组主要在分级Ⅰ产品和分级Ⅱ产品中富集，最大含量为53.04%；惰

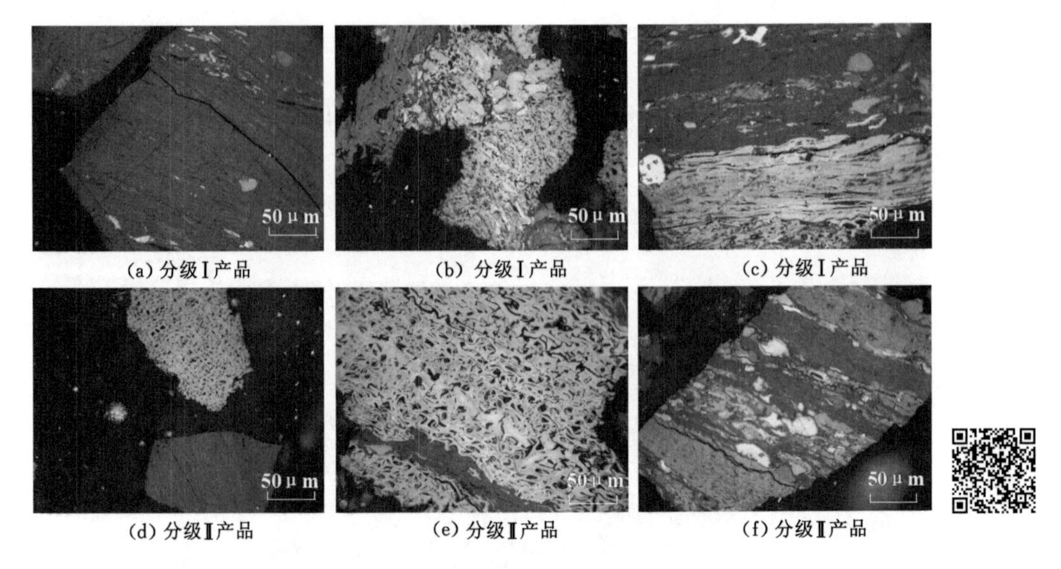

图 4-41　F4 对应分级产品的煤岩光片图(扫描右侧二维码可查看相应彩图)

质组主要在分级Ⅲ产品中富集,对应含量为 71.40%,富集率为 51.21%,较气流粉碎-精细分级工艺最优条件产品最大惰质组含量增加 11.18%。

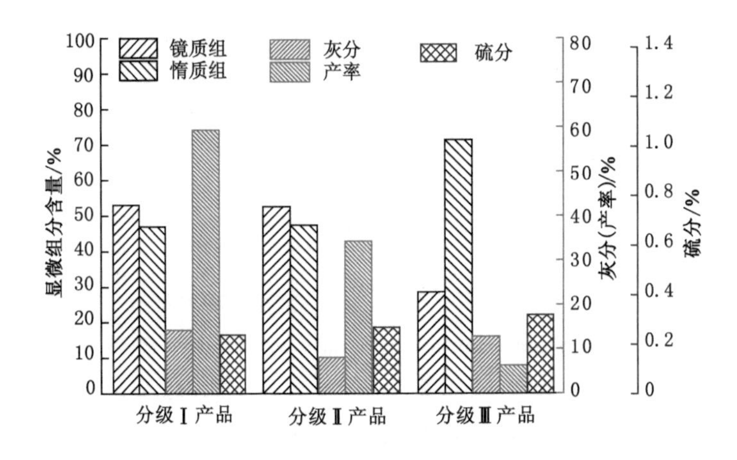

图 4-42　F4 各分级产品中显微组分含量、灰分(产率)及硫分分布图

图 4-43 为 F5 对应分级Ⅳ产品和分级Ⅴ产品的煤岩光片图。多级粉碎-精细分级工艺产品中出现粒度<50 μm 的显微组分单体[图 4-43(d)(f)]。比较 F4 和 F5 分级产品发现,F5 分级产品中单体的粒度小于 F4 对应分级产品。大部分未解离颗粒的嵌布特征是惰质组包裹镜质组层状分布[图 4-43(c)(e)]。推测其主要原因是由于丝质体以条带状、纤维状顺层排列,对较强的应力作用有一定的阻挡作用,对嵌布其中的镜质组起到一定的“保护”作用而难以解离。

图 4-44 为 F5 各分级产品中显微组分含量、灰分(产率)及硫分分布图。由图分析可知:从分级Ⅳ产品到分级Ⅵ产品,镜质组含量出现先增大后减小的变化趋势,惰质组含量出现先减小后增大的变化趋势。镜质组主要在分级Ⅳ产品和分级Ⅴ产品中富集,最大含量为

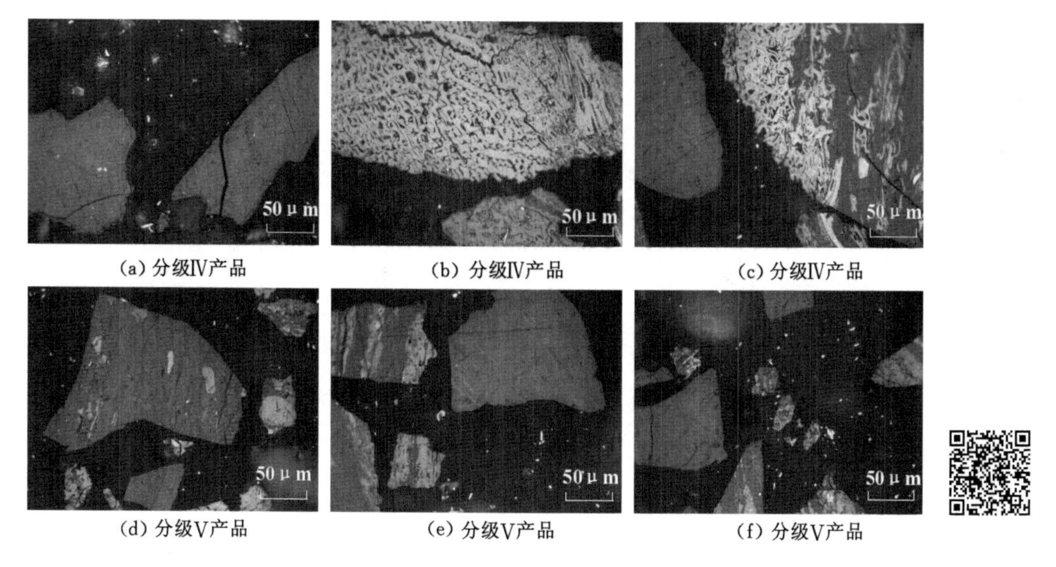

(a) 分级Ⅳ产品　(b) 分级Ⅳ产品　(c) 分级Ⅳ产品

(d) 分级Ⅴ产品　(e) 分级Ⅴ产品　(f) 分级Ⅴ产品

图 4-43　F5 对应分级产品的煤岩光片图(扫描右侧二维码可查看相应彩图)

58.99%,富集率为 11.76%,出现在分级Ⅴ产品中;惰质组主要在分级Ⅵ产品中富集,对应含量为 82.83%,富集率为 75.41%。相比气流粉碎-精细分级工艺最优条件,惰质组最大含量增加 22.61%,惰质组富集效果显著。

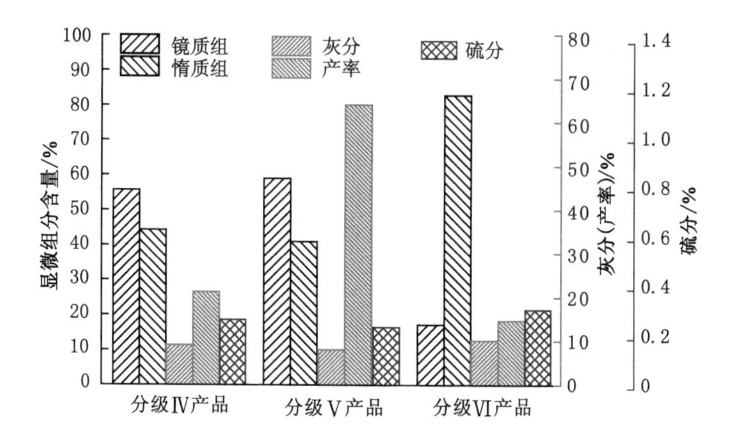

图 4-44　F5 各分级产品中显微组分含量、灰分(产率)及硫分分布图

综合分析 F4 和 F5 产品质量:对应各分级产品的灰分均出现先减小后增加的变化趋势,灰分梯度最大达到 6.14%,灰分最低为 8.06%出现在分级Ⅴ产品中,各分级产品之间出现硫分梯度,最大硫分梯度为 0.08%。

综上分析可知,多级粉碎-精细分级工艺实现了较好的提质和分质效果。

二、多级粉碎-精细分级工艺产品的粒度分布

图 4-45 为多级粉碎-精细分级工艺产品的粒度分布图,从图中可以看出:F4 分级Ⅰ产品粒度分布曲线呈现单峰分布,说明其粒度分布较集中;分级Ⅱ产品和分级Ⅲ产品均出现多峰分布。F5 分级Ⅴ产品粒度分布曲线呈现介于单峰分布和双峰分布之间的形状,分级Ⅳ产品

和分级Ⅵ产品呈现多峰分布，且分级Ⅵ产品出现主次双峰，推测原因是其粒度过细出现了团聚现象。

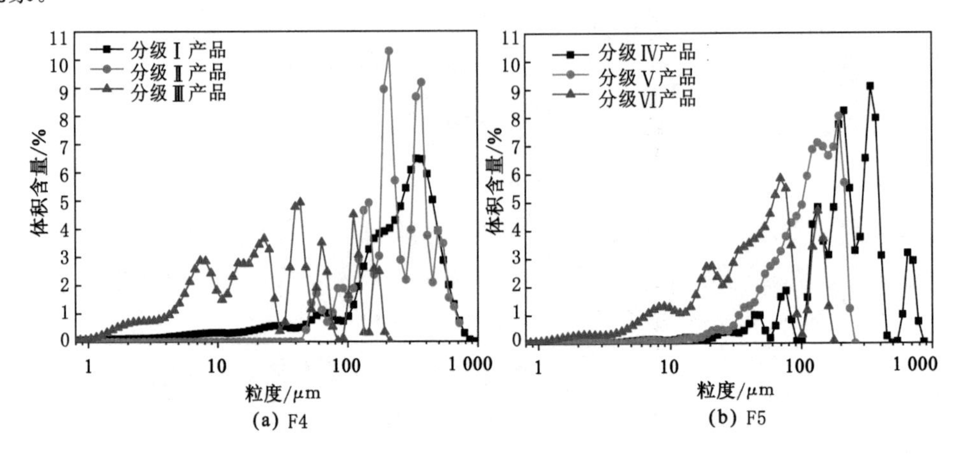

图 4-45　多级粉碎-精细分级工艺产品的粒度分布图

对比气流粉碎-精细分级工艺产品的粒度分布情况可知：F4 和 F5 的第一循环产品和第二循环产品的中值粒径分布于 100～230 μm，第三循环产品的中值粒径主要在 15 μm 左右，整体小于气流粉碎-精细分级工艺对应的分级产品，但其产品的分级效果较气流粉碎-精细分级工艺弱。相比气流粉碎-精细分级工艺，多级粉碎-精细分级工艺的各产品中显微组分的解离情况较好。

综合前述分析，多级粉碎-精细分级工艺的作用过程中，粉碎越充分，颗粒粒度越细，从而增加分级难度；当颗粒粒度减小到一定程度时，显微组分的解离形式由选择性粉碎转向随机粉碎，解离度的增加也会变得相对缓慢。

第四节　气流冲击粉碎过程特征

粉碎过程中，外界冲击力首先作用在煤粒表面，产生微细的裂纹。随着碰撞的加剧，裂纹不断扩大，导致煤粒分裂生成新的表面。有研究指出，由于煤粒的内聚力不能克服煤粒内生裂隙所产生的应力，煤粒在碰撞瞬间也会产生内生裂纹，从宏观上表现为颗粒体积的减小。一般来说，颗粒的内生裂纹会沿着颗粒速度梯度最大的方向产生。在颗粒粉碎过程中，物料在应力场和冲击作用下，应力集中使得颗粒粉碎。这类粉碎在宏观上表现为冲击粉碎和剪切粉碎。煤粒在冲击粉碎过程中所需要的煤粒冲击速度为：

$$v = \sqrt{\frac{4}{3} - \frac{8\gamma E}{3\pi R\delta_c^2}} \tag{4-9}$$

式中，δ_c 为煤粒粉碎所需要的应力；γ 为煤粉增加单位表面积的表面能；E 为煤粒的杨氏模量；v 为粉碎到指定粒度的冲击速度；R 为颗粒的球当量直径。

同时，也要考虑摩擦粉碎。在流化床气流粉碎过程中，由于粉碎腔体内部处于高雷诺数的湍流状态，气流裹挟着颗粒在体系内高速运动，相互摩擦。颗粒与颗粒间和气体与颗粒间的摩擦都会增加体系内的细粒物料。而粗粒物料随着摩擦粉碎的持续进行，其表面会逐渐规整，球形度升高，类似于对颗粒表面进行“打磨修饰”。这是气流粉碎产品粒度分布窄的原因之一。

利用高性能计算集群系统(96 个计算核心)对气流粉碎系统的粉碎腔(图 4-46)进行内部流场模拟,粉碎区筒体直径为 120 mm,在腔体壁面上按照 120°的角度分布 3 个超音速喷嘴。确定筒体和锥体的结合处为 0 高度平面,喷嘴在腔体的高度为 45 mm。粉碎中心的坐标为(0,0,45),其中一个喷嘴的气流入口坐标为(60,0,45)。该模型模拟气流粉碎腔内流场,忽略管式气流进料的进料口和鼠笼式气流分级对流场的影响。

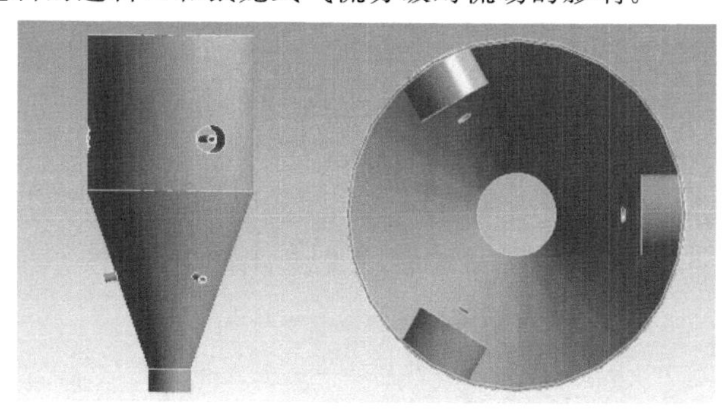

图 4-46　粉碎腔物理模型图

粉碎腔网格划分如图 4-47 所示。先将已建立的模型进行流体的整体填充,然后给内部的流体插入 3 层膨胀层,运用四面体主导的网格划分方法进行整体网格划分,对局部的网格进行加密处理以保证局部结构的精确模拟,然后对内部的网格缺陷进行修正。

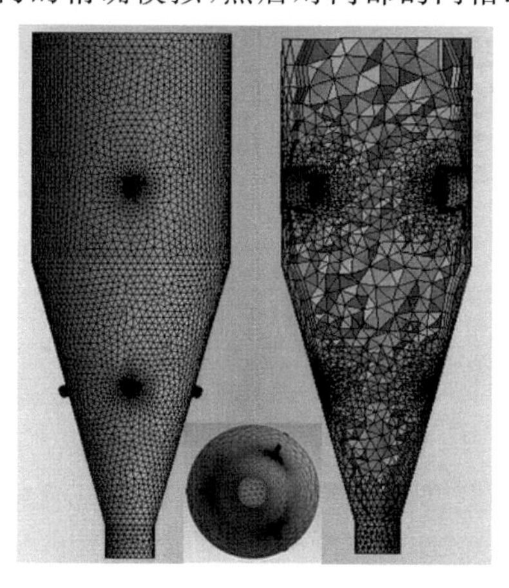

图 4-47　粉碎腔网格划分图

边界条件与数值方法:喷嘴进口设为压力进口(pressure-inlet),出口设为压力出口(pressure-outlet),其余边界条件保持默认设置;Materials 中的 Density 项设为 ideal-gas,条件保持默认设置;采用 Fluent 14.0 的隐式稳态求解器,模型采用 k-ε 紊流模型,压力和速率耦合采用 SIMPLE 方程,各参数的离散采用二阶迎风格式;松弛因子设置为 1,收敛值设为 $\leqslant 10^{-3}$,其余保持默认。

截取 Z 轴上一个粉碎区的截面,依次模拟出对应粉碎气压为 0.3 MPa、0.4 MPa 和 0.5 MPa 时粉碎区的速度矢量图(图 4-48)和粉碎腔纵向剖面速度矢量图(图 4-49)。由图分析可知:粉碎区流场速度主要集中于喷嘴气流射流;随着射流向粉碎腔内延伸,流速衰减;

最大速度集中于射流中心区域。随着粉碎气压的增大，粉碎区的气流湍动程度逐渐增强，粉碎区的区域体积也逐渐增大。

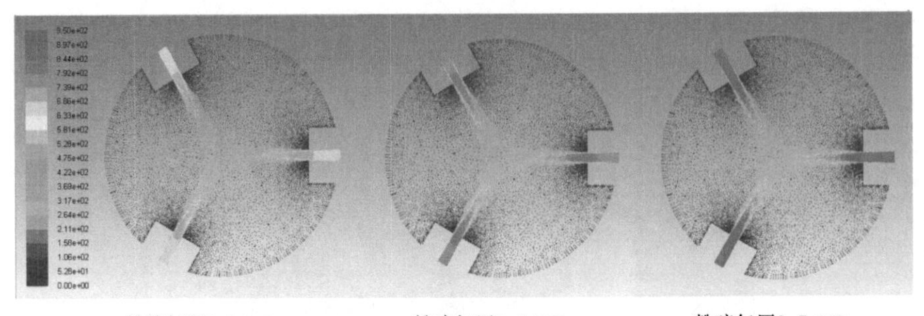

粉碎气压0.3 MPa　　粉碎气压0.4 MPa　　粉碎气压0.5 MPa

图 4-48　粉碎区 $Z=45$ 的横向截面速度矢量图(扫描右侧二维码可查看相应彩图)

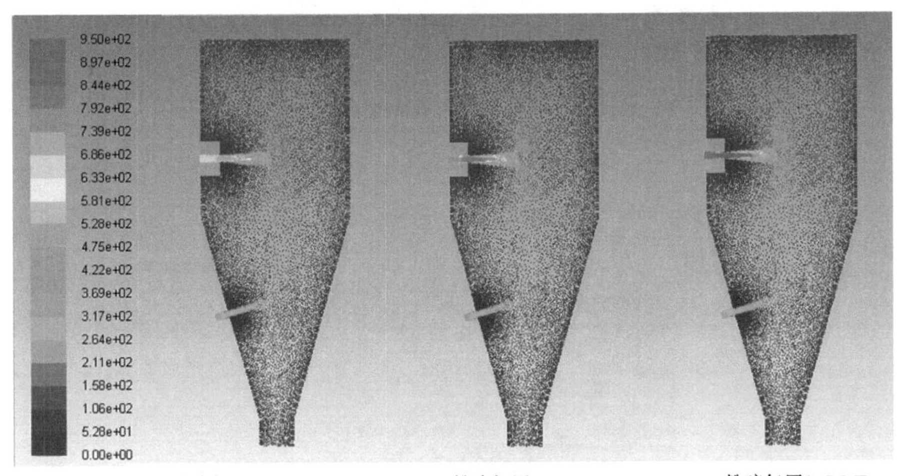

粉碎气压0.3 MPa　　粉碎气压0.4 MPa　　粉碎气压0.5 MPa

图 4-49　粉碎腔纵向剖面的速度矢量图(扫描右侧二维码可查看相应彩图)

图 4-50 所示为对应粉碎气压为 0.3 MPa、0.4 MPa 和 0.5 MPa 时粉碎区的相对压力云图。由图分析可知：在气流通过喷嘴时首先出现粉碎气压急剧下降的现象，分析原因为：一方面气流在通过喷嘴内部时由于与壁面摩擦出现压力损失；另一方面，也是更主要的，即气流在喷出喷嘴进入粉碎腔时空间突然扩大，从而导致压力下降较快。随着空间位置向粉碎区中心接近，相对压力出现一个相对平稳的状态，对应区域属于由喷嘴到粉碎区的过渡空间，气流的湍动较少，难以出现较为强烈的由激波引起的压力剧变。粉碎中心集中了相对压力较高的区域，三股对冲气流在粉碎区域出现强烈的碰撞，气流流速急剧减小导致此区域内相对压力急剧攀升。随着粉碎气压的增大，粉碎区的相对压力增幅加大。

在 Fluent 14.0 的分析模块中，于 $Z=45$ 平面上取 $x=60\sim0$ mm 的直线，得到喷嘴到粉碎中心的速度衰减曲线和相对压力曲线分别如图 4-51、图 4-52 所示。

分析图 4-51 可知，在接近喷嘴处速率衰减相对缓慢，颗粒通过这段距离的加速得到很高的颗粒碰撞速率，从而实现粉碎。粉碎气压越高，气流在粉碎区的速度衰减越快。颗粒的加速可以由斯托克斯气体加速方程表示：

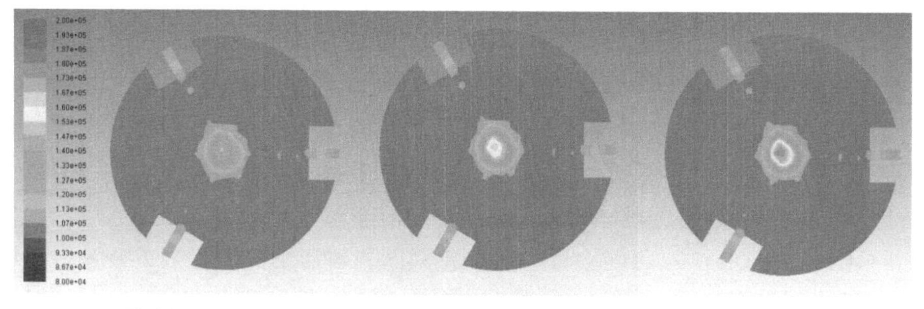

图 4-50 粉碎区 $Z=45$ 相对压力云图(扫描右侧二维码可查看相应彩图)

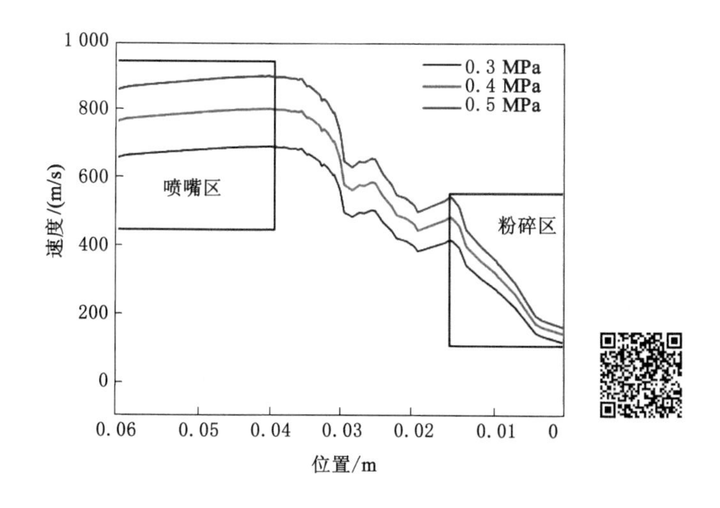

图 4-51 喷嘴到粉碎中心的速度衰减曲线图(扫描右侧二维码可查看相应彩图)

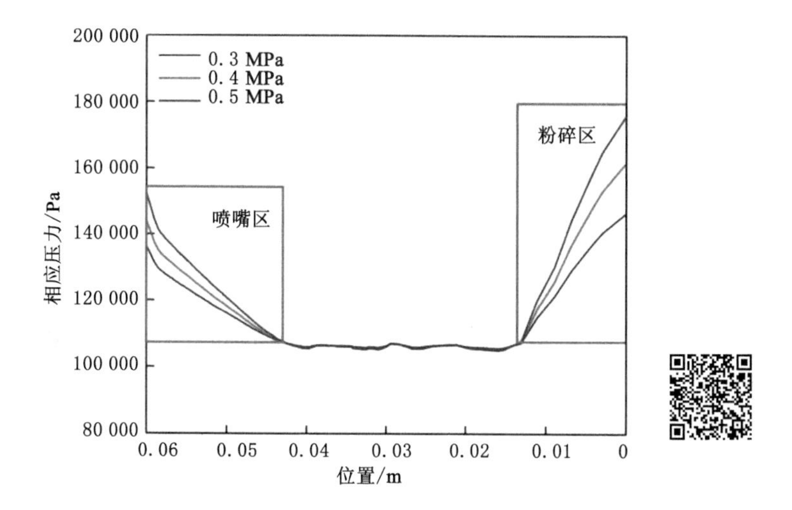

图 4-52 喷嘴到粉碎中心的相对压力曲线图(扫描右侧二维码可查看相应彩图)

$$u_s = u(t) - b\tau_v + u_e\left(\frac{b\tau_v}{u_s} - 1\right)e^{\left(\frac{t}{\tau_v}\right)} \tag{4-10}$$

式中，u_s为颗粒速度随时间的变化值；$u(t)$为气流速度随时间的函数；b为常数，当颗粒速度和气体速度相近时一般取0；$\tau_v = \rho_s d_s^2/(18\ \mu)$为颗粒运动的松弛时间；$u_e$为气流出口速度；$t$为时间；$\rho_s$为颗粒的密度；$d_s$为颗粒的粒径；$\mu$为气体黏滞系数。

分析图4-52可知，与压力场分析相对应，粉碎腔内沿喷嘴至粉碎中心的相对压力呈现出三个阶段：下降阶段、平稳阶段、急剧上升阶段。粉碎区相对压力急剧上升的现象，反映气流在粉碎区产生强烈的碰撞，流场产生激波进而使得粉碎区域压力升高。

从式(4-9)、式(4-10)可以看出，颗粒的粉碎和颗粒的流化移动均与气流的能量转化和传递有关。比对分析图4-51气流流速在粉碎区的急剧下降和图4-52中粉碎区的相对压力的急剧上升现象，可以证实在粉碎区域出现了强烈的能量交换和传递，气流的大部分动能都转化为其他形式的能量，颗粒在粉碎区域受到强烈的粉碎作用力而导致粒度减小。

进一步结合粉碎腔剖面流场迹线图(图4-53)分析可知：对冲式的三股气流在粉碎中心相互碰撞抵消而形成的激波，可以加剧气流速度的衰减，但颗粒在之前的加速段已获得较高的速度，故而在气流的衰减过程中，颗粒的速度衰减较慢，在粉碎中心时颗粒仍能以较高的速度发生碰撞。

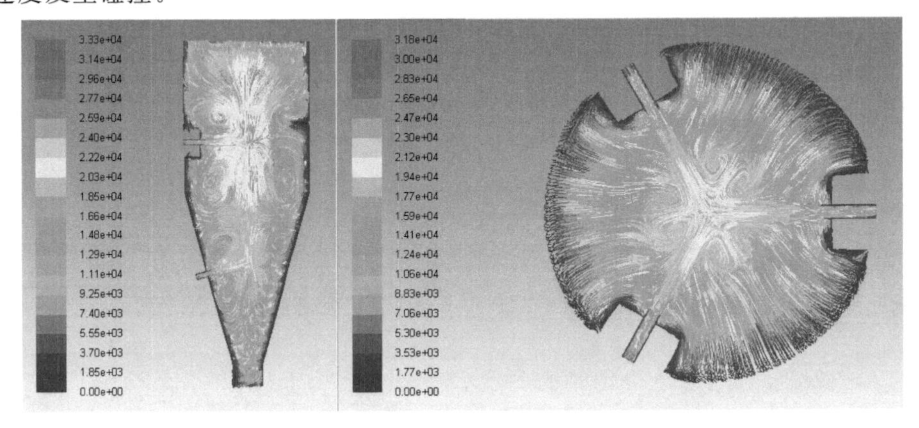

图4-53　粉碎腔剖面流场迹线图(扫描右侧二维码可查看相应彩图)

第五节　基于气流粉碎-精细分级的煤显微组分分质技术

本章从研究气流粉碎-精细分级工艺系统不同工艺参数对煤岩组分解离及迁移的影响规律出发，采用显微组分含量、显微组分迁移率等评价指标，并自定义D值和Q值来表征煤显微组分的富集效果，探究通过气流粉碎-精细分级实现煤显微组分有效富集的工艺参数。进一步拓展研究了预分级-气流粉碎-精细分级工艺、多级粉碎-精细分级工艺过程中煤显微组分的解离、富集和迁移特征，初步形成一种以“提质”“分质”为特征的分选技术体系。具体结论如下：

(1) 通过对气流粉碎-精细分级工艺系统最佳入料粒度的探索，确定了-1 mm的入料粒度选定原则；通过单因素试验探讨该技术实现煤显微组分富集的可行性。

（2）通过正交试验得到气流粉碎-精细分级工艺的最佳工艺条件为：一级分级机转速6 000 r/min、二级分级机转速16 000 r/min、粉碎压力0.55 MPa、入料量100 g/min。进一步的极差分析结果表明：气流粉碎-精细分级主要工艺参量对煤显微组分富集效果影响大小为：二级分级机转速＞粉碎压力＞一级分级机转速＞入料量。

（3）预分级工艺可以初步实现显微组分在不同粒度的产品中一定程度的富集。煤显微组分本身的物理性质（如显微硬度、显微密度、韧性等）对解离效果的影响很大。设计的预分级-气流粉碎-精细分级工艺可以实现煤显微组分较好的富集效果：镜质组含量最大达到61.53％、富集率为16.58％，惰质组含量最大达到73.33％、富集率为55.29％。

（4）基于强化煤显微组分解离而设计多级粉碎-精细分级工艺，其对应产品中镜质组含量最高达到58.99％、富集率为11.76％，惰质组含量最高达到82.83％，富集率为75.41％。

不同工艺对显微组分迁移和富集的影响不同。粗碎作业可以实现显微组分在不同粒度产品中实现一定程度的富集；强化分级的主要作用在于实现显微组分在不同的分级产品中进一步富集（有利于得到富镜质组或富惰质组产品）；多级粉碎-精细分级可以有效强化嵌布粒度较细、嵌布形式复杂的显微组分的解离效果，从而促进富镜质组或富惰质组产品的产出。但同时也可以发现，当颗粒粒度减小到一定程度时，对应显微组分的富集程度变慢。因此有必要从过程强化的角度做进一步的探究。

第五章　显微组分多元强化粉碎-分级分质技术

前一章已经初步形成了适用于西部高惰质组煤有机显微组分和矿物质解离与富集的方法体系，在过程强化的指导思想下，有必要进一步考察针对显微组分解离-分质的过程强化方法。如前所述，煤炭分级分质利用的关键前提是充分、高效的粉碎解离。作为外场协同粉碎的代表性技术，微波因具有加热速度快、可均匀选择性加热等优点，成为主流外场技术之一[139-141]。国内外关于微波辅助技术在煤炭粉碎领域的应用已有一些研究：Xia 等[142]研究表明，微波预处理有助于提高煤炭的可磨性，促进不同组分的解离。朱向楠等[143,144]发现通过微波预处理可以显著地提高煤样的细磨效果以及改善后续的浮选过程；国外相关学者研究发现微波预处理可使煤粒产生微裂纹和小裂缝[145,146]，实现磨矿细度和效率的提高。尽管对于微波预处理辅助煤岩组分解离以及改善粉碎特性等方面已有较多研究，但关于微波诱导粉碎裂纹产生规律的研究仍鲜有报道。本节以典型西部高惰质组煤为研究对象，研究微波诱导裂纹的生成规律，以期为微波辅助粉碎解离领域提供进一步的技术与理论补充。

第一节　微波诱导裂纹的特征

一、试验工艺及表征方法

设计微波诱导裂纹研究工艺流程为两个阶段。

第一阶段：微波诱导煤中组分裂纹生成研究[图 5-1(a)]。以 SW 为研究对象，采用辊式破碎机作为粗碎设备，对原煤进行初级破碎（破碎至 −1 mm）；以微波炉（最大功率 1 000 W，功率密度为 4×10^{4} W/m^{3}）作为微波预处理设备，研究不同微波时间和不同微波功率作用下煤样表面裂纹分布以及裂纹形式特征。

第二阶段：微波对煤中显微富集效果影响研究[图 5-1(b)]。将微波预处理后的煤样作为入料给入气流粉碎-精细分级工艺系统中，研究对应产品中显微组分的富集规律。富镜质组产品和富惰质组产品均为目标产品，通过 D 值和 Q 值对其显微组分含量进行表征。此外，定义异类比（S 值、S' 值）作为辅助评价指标评价各分级产品中显微组分的富集情况。异类比为分级产品中不同组分含量的比值。S 值代表富镜质组产品中镜质组含量与惰质组含量的比值，S' 值代表富惰质组产品中惰质组含量与镜质组含量的比值，对应计算公式分别如式(5-1)和式(5-2)所示。其中，$V_{产}$ 和 $I_{产}$ 分别代表分级产品中镜质组含量和惰质组含量。

$$S=\frac{V_{产}}{I_{产}} \tag{5-1}$$

$$S'=\frac{I_{产}}{V_{产}} \tag{5-2}$$

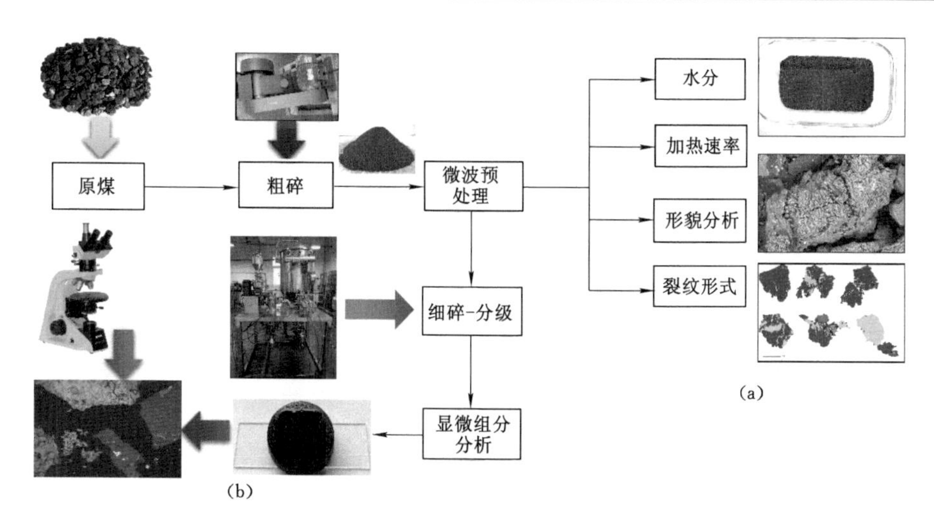

图 5-1　微波诱导裂纹研究工艺流程图

二、微波诱导裂纹生成研究

（一）微波功率对裂纹生成的影响

表 5-1 所示为不同微波功率条件下煤中水分和温度的变化结果。图 5-2 所示为微波预处理对煤样的初步作用效果，其中图 5-2(a)是不同微波功率条件下煤样水分以及加热速率变化图，图 5-2(b)展示的是微波预处理作用后煤样表面的特征。综合分析可知：固定微波作用时间，随着微波功率的增大，煤样升温速率逐渐增大，水分逐渐降低，且煤样表面出现一些小孔，推测是由于水分蒸发所造成的，说明煤样能够吸收部分微波辐射。

表 5-1　不同微波功率条件下煤中水分和温度变化结果(时间 3 min)

编号	P_0	P_1	P_2	P_3	P_4	P_5
功率/W	0	100	300	500	800	1 000
水分/%	7.79	4.92	3.07	2.3	1.6	1.53
温度/℃	19	36	87	122	208	267
升温速率/(℃/min)	0	5.67	22.67	34.33	63	82.67

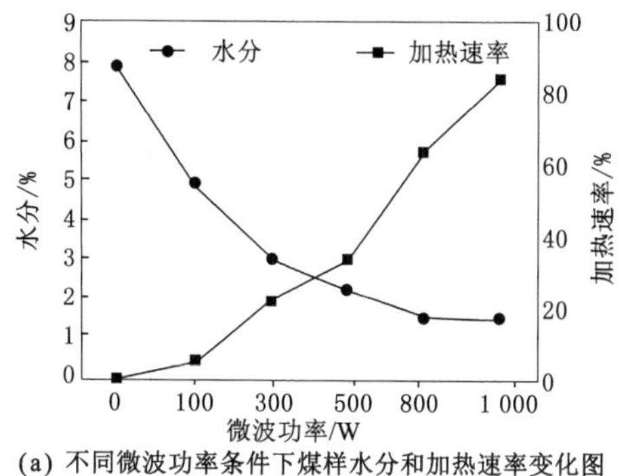

(a) 不同微波功率条件下煤样水分和加热速率变化图

(b) 微波预处理作用后煤样表面特征

图 5-2　微波预处理对煤样的初步作用效果

图 5-3 所示为不同微波预处理功率作用下煤样的扫描电镜图。在较小的微波功率作用下，煤样表面产生的裂纹较细，且数量较少[图 5-3(a)(b)]；随着微波功率的增大，煤样表面裂纹数量增多，宽度增大，裂纹呈现直线形或者辐射状[图 5-3(d)(e)]，裂纹在遇到煤中嵌布的矿物会出现裂纹的导通与截止[图 5-3(c)(f)]。根据裂纹形式的不同，推测煤中不同组分对微波辐射作用的响应程度不同。

(a) 100 W　(b) 300 W　500 W
(d) 800 W　(e) 1 000 W　(f) 1 000 W

图 5-3　不同微波预处理功率所对应煤样的扫描电镜图

（二）微波时间对裂纹生成的影响

表 5-2 所示为煤中水分和温度随微波作用时间变化结果。图 5-4 所示为不同微波时间作用下煤样水分及加热速率变化情况。随着微波时间的增加，升温速率出现波动变化趋势，推测微波加热过程中煤中水分首先从外在水开始蒸发，然后再转向结合水。

表 5-2　煤中水分和温度随微波作用时间变化结果(功率 500 W)

编号	T0	T1	T2	T3	T4	T5
时间/min	0	1	2	3	4	5
水分/%	7.79	7.75	4.81	1.91	1.27	0.91
温度/℃	19	75	125	168	105	142
升温速率/(℃/min)	0	56	53	34.33	49.67	24.6

对比不同微波功率和不同微波时间作用下煤样表面的加热速率变化，可以看出，煤样表面升温速率对微波时间的响应程度小于微波功率，随着微波功率的逐渐增加，煤样表面的加热速率逐渐增强。

图 5-5 所示为不同微波时间处理下对应煤样的扫描电镜图。微波预处理时间较短时，

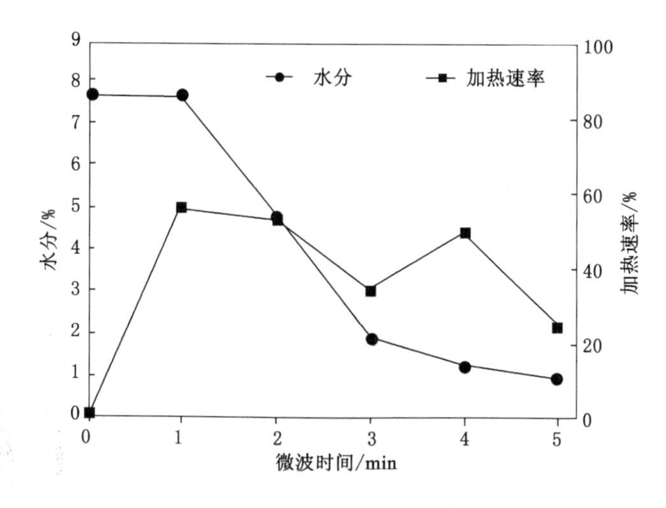

图 5-4　不同微波时间作用下煤样水分及加热速率变化图

煤样表面只出现微裂纹，裂纹长度约为 20 μm[图 5-5(a)(b)]；随着微波预处理时间增长，煤样表面裂纹数量增多，且裂纹宽度增大[图 5-5(c)(d)(e)(f)]。

(a) 1 min　(b) 2 min　(c) 3 min
(d) 4 min　(e) 4 min　(f) 5 min

图 5-5　不同微波时间处理下对应煤样的扫描电镜图

（三）微波预处理作用后颗粒粉碎特性的 MLA 研究

将微波预处理作用后的 SW 进行 MLA 检测分析，初步探索微波作用对颗粒粉碎特性的影响。图 5-6 所示为微波预处理作用后 SW 的 MLA 分析图，其中图 5-6(a)(b)(c)为 MLA 彩色图像，图 5-6(d)(e)(f)为彩色图像对应的背散射图像。由图分析可知：SW 对微波的响应表现出一定的选择性，煤中矿物质和不同组分对微波的响应程度不同，对应不同颗粒表面裂纹的数量、长度不同。

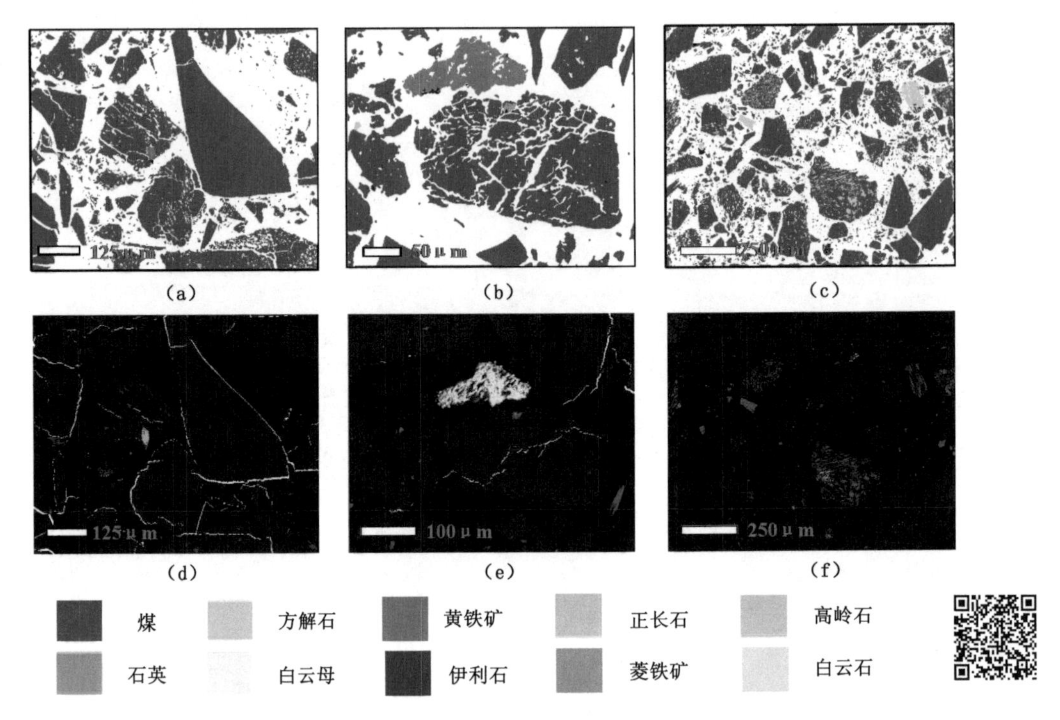

图 5-6　微波预处理作用后 SW 的 MLA 分析图(扫描右侧二维码可查看相应彩图)

黄铁矿为热活性矿物,其极性强于煤(例如在 0.65 kW 微波功率下,黄铁矿的加热速率为 1.89 ℃/s,煤的加热速率为 0.2 ℃/s),由此其在微波作用下升温速率较快;加之矿物受热膨胀,裂纹即沿着热活性矿物周围进行扩展[图 5-6(a)(d)]。煤中有嵌布粒度较细的方解石,颗粒表面几乎不存在裂纹[图 5-6(c)(f)],原因是方解石属于热惰性矿物,其对微波的响应程度较弱。

进一步分析显微组分的情况:镜质组表面裂纹呈现直线形[图 5-6(a)(d)],惰质组表面裂纹呈现碎散状,裂纹数量多且密集[图 5-6(b)(e)]。

综上,在微波作用下,煤中不同组分产生裂纹的位置、数量、长度、形貌等均有差异,推测在进一步的粉碎过程中,这些差异会导致颗粒粉碎形式的变化。

(四) 煤岩光片分析

通过煤岩光片分析,进一步考察裂纹在煤岩组分内部的生长和扩展,选取代表性的煤岩裂纹图,如图 5-7 所示。惰质组中的裂纹多沿着其结构进行扩展,扩展过程中会呈现出形似于树杈状的裂纹[图 5-7(a)],推测在粉碎过程中惰质组沿其裂纹方向呈碎散状破碎;细脉嵌布的组分其裂纹的生长一般沿嵌布的纹理进行扩展[图 5-7(b)],说明微波辐照对细脉型嵌布的煤岩组分解离具有一定的促进作用;裂纹较多的煤粒,在微波辐照的过程中会出现裂纹间的导通和裂纹的穿越[图 5-7(c)],裂纹在生长过程中如遇到不同的组分,会发生组分界面的裂纹截止[图 5-7(d)(e)(f)],这是由于不同组分之间因为热失配产生较大的局部热膨胀应力,导致裂纹从热活性组分处进行扩展来平衡能量的增加(裂纹的扩展实质为能量的释放),当再遇到其他热惰性组分时,便会表现为裂纹的截止。

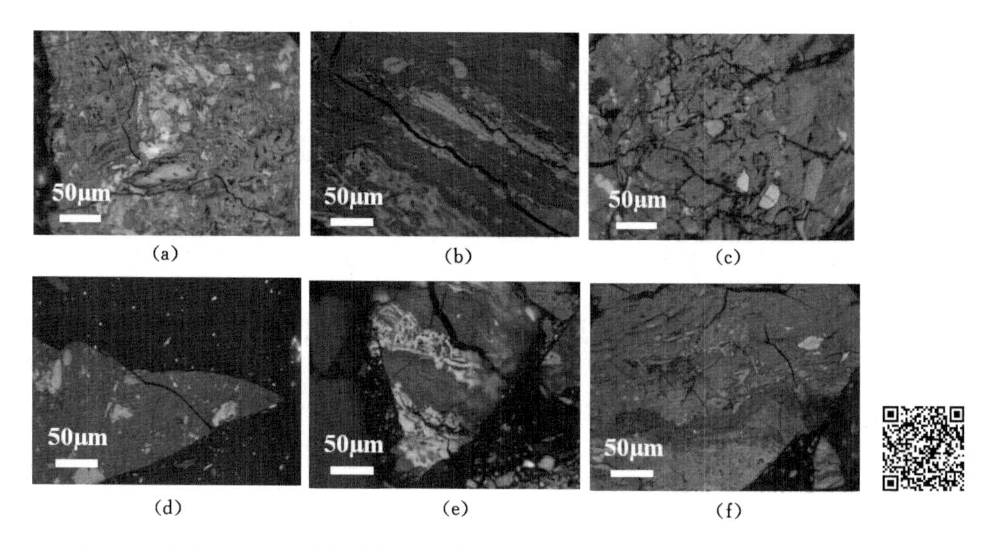

图 5-7　微波辐照后煤样的煤岩光片(油浸 500×)(扫描右侧二维码可查看相应彩图)

（五）微波诱导裂纹生成模型预测

微波预处理可诱导煤内部产生微细裂纹，且微波作用具有选择性，通过在不同组分间发生热失配，产生较大的热力梯度，从而诱导裂纹的产生，进而使得裂纹形式多样。综合前述，提出高惰质组煤微波诱导作用下的裂纹生成模型如图 5-8 所示，即界面裂纹、组内裂纹、差异性裂纹。

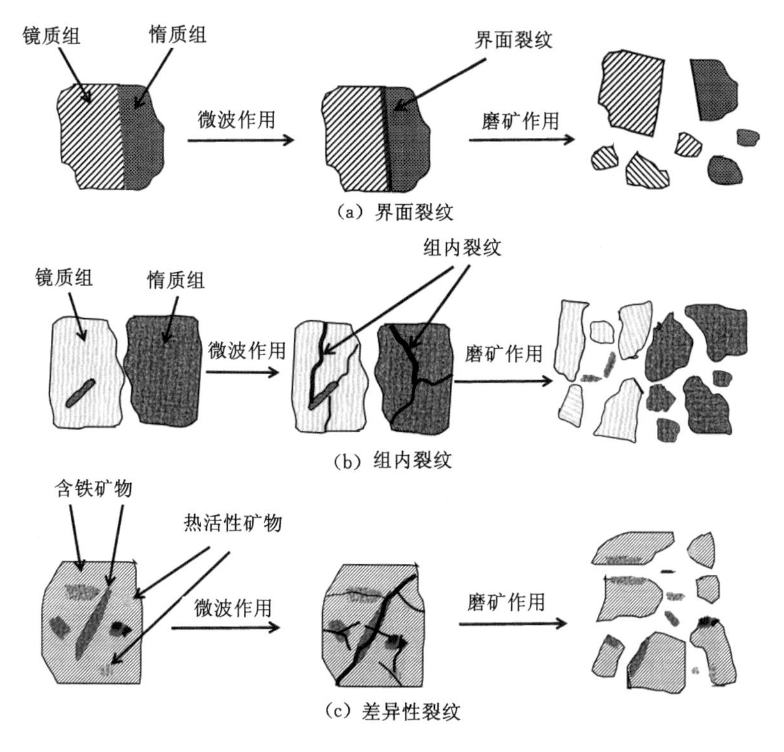

图 5-8　高惰质组煤微波诱导作用下的裂纹生成模型

在相邻两种组分之间产生界面裂纹[图 5-8(a)],在进一步的粉碎作用下颗粒易沿着组分界面进行粉碎;不同组分内部产生组内裂纹[图 5-8(b)],在遇到不同组分时会产生裂纹的截止;对于矿物质嵌布较多的煤粒,微波在热活性矿物(如黄铁矿、磁铁矿、黄铜矿)和热惰性矿物(如碳酸盐矿物、硫酸盐矿物)之间产生热失配,矿物质被选择性活化而产生差异性裂纹[图 5-8(c)],此时因为矿物质膨胀产生裂纹数量较多,并在不同矿物质之间发生裂纹的导通和穿越。

第二节　微波辐射对煤显微组分富集的影响

本节为微波诱导裂纹研究工艺流程的第二阶段:微波对煤中显微富集效果影响研究,主要工艺流程见图 5-1(b)。

一、微波功率对煤中显微富集效果的影响

表 5-3 所示为不同微波功率对应气流粉碎-精细分级工艺产品显微组分含量。

表 5-3　不同微波功率对应气流粉碎-精细分级工艺产品显微组分含量(去矿物基)

微波功率/W	分级产品	显微组分含量	
		V/%	I/%
100	分级一	53.52	46.48
	分级二	56.19	43.81
	分级三	42.15	57.85
300	分级一	62.38	37.62
	分级二	52.55	47.45
	分级三	29.69	70.31
500	分级一	48.81	51.19
	分级二	61.87	38.13
	分级三	38.14	61.86
800	分级一	59.81	40.19
	分级二	51.74	48.26
	分级三	34.89	65.11
1000	分级一	50.90	49.10
	分级二	57.11	42.89
	分级三	47.84	52.16

随着微波功率的增大,显微组分在不同的分级产品中出现了不同程度的富集;当微波功率为 300 W 时,惰质组在分级三产品中的含量最高,可达 70.31%,镜质组在分级一产品中的富集含量最高,可达 62.38%。

相较于未施加微波预处理作用的气流粉碎-精细分级工艺,对应惰质组含量增加 10.09%,镜质组含量增加 3.48%。说明微波辐射对后续的气流粉碎-精细分级作用具有一

定的强化效果。

图 5-9 所示为不同微波功率条件对煤显微组分富集规律的影响。随着微波功率的增加，D 值和 Q 值均出现先增加后减小的变化趋势，其中在微波功率为 300 W 时，这两个值均达到最大，说明显微组分在此功率条件下富集效果最好。推测微波功率继续增大恶化富集效果的主要原因为：微波功率越大颗粒表面的裂纹数量越多，在进一步进行粉碎的过程中，会削弱显微硬度、脆度差异引起的某特定粉碎作用，进而影响所体现的分质富集效果。

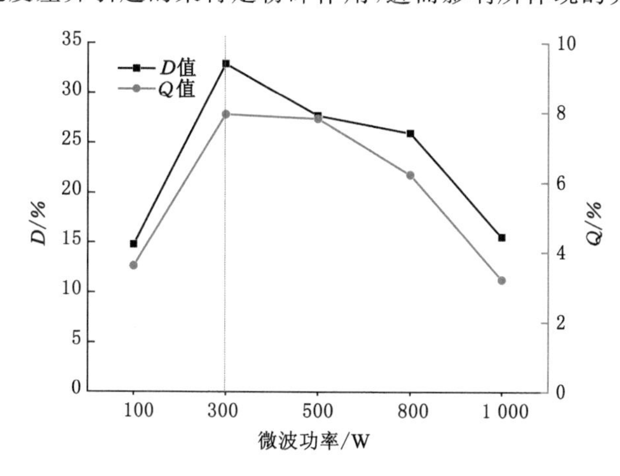

图 5-9　不同微波功率条件对煤显微组分富集规律的影响

二、微波作用时间对煤中显微富集效果的影响

表 5-4 为不同微波时间作用下气流粉碎-精细分级工艺产品显微组分含量表。

表 5-4　不同微波时间下气流粉碎-精细分级工艺产品显微组分含量表(去矿物基)

时间/min	分级产品	显微组分含量	
		V/%	I/%
1	分级一	48.91	51.09
	分级二	62.17	37.83
	分级三	40.67	59.33
2	分级一	57.97	42.03
	分级二	56.27	43.73
	分级三	30.14	69.86
3	分级一	56.81	43.19
	分级二	54.04	45.96
	分级三	37.63	62.37
4	分级一	55.14	44.86
	分级二	57.95	42.05
	分级三	33.85	66.15

表 5-4(续)

时间/min	分级产品	显微组分含量	
		V/%	I/%
5	分级一	53.11	46.89
	分级二	58.59	41.41
	分级三	35.08	64.92

随着微波时间的增加，显微组分在不同的分级产品中出现了不同程度的富集。在微波时间为 2 min 时，惰质组在分级三产品中的含量最高，达到 69.86%；在微波时间为 1 min 时，镜质组在分级二产品中的富集含量最高，可达 62.17%。

相较于未施加微波预处理作用的气流粉碎-精细分级工艺，对应惰质组含量增加 9.64%，镜质组含量增加 3.27%，同样说明微波辐射对后续的气流粉碎-精细分级作用具有一定的强化效果。

图 5-10 所示为不同微波时间对煤显微组分富集规律的影响。随着微波时间的增加，D 值和 Q 值的变化趋势出现波动，其中在微波时间为 2 min 时这两个表征值达到最大，说明在微波时间为 2 min 时，对应煤显微组分在分级产品中的富集效果最好。

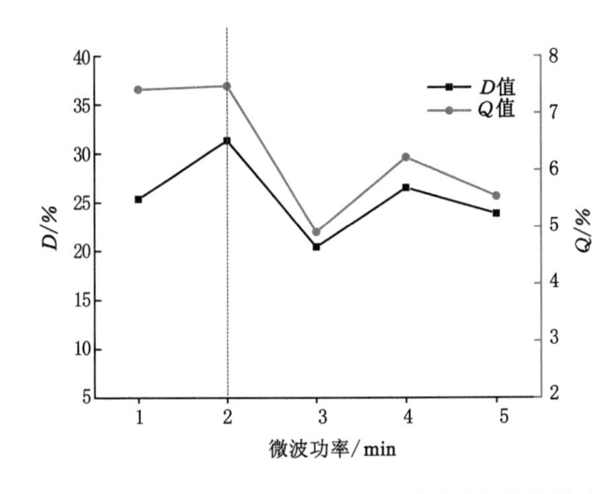

图 5-10　不同微波时间对煤显微组分富集规律的影响

综上分析可知，微波预处理对气流粉碎-精细分级工艺的显微组分解离与富集作用起到了一定的强化效果，且其对惰质组的富集效果强于镜质组，推测主要原因为：部分惰质组的嵌布粒度较镜质组细，微波作用强化了对应组分间裂纹的生成，从而提高了富集效果。

三、微波辐射对粒度特征的影响

图 5-11 为不同微波预处理功率对应气流粉碎-精细分级工艺产品的粒度分布图。随着微波预处理功率的增大，分级一产品粒度出现由多峰分布到单峰分布再到多单峰分布的过程，在微波功率为 300 W 时分级一产品呈现很好的单峰分布，在粒径约为 300 μm 处体积含量最大。分级二产品一直呈现双峰分布，但是当微波功率≥500 W 时，分级二产品的峰宽变窄，说明粒度分布趋于集中。分级三产品粒度一直呈现多峰分布，随着微波功率增大而变化

不明显，其中值粒径均<50 μm；但是当微波功率≥500 W时，出现部分粒径>100 μm的情况，推测主要是由粒度过细而出现团聚造成的。已有研究结论表明，随着微波功率的增加，煤样表面裂纹数量呈现线性增加的变化趋势[147]。结合前述分析，随着微波功率的增大，加剧了煤样组内裂纹的产生，在粉碎过程中会强化富集效果。分级一产品作为气流粉碎-精细分级工艺的第一循环，对裂纹的响应程度大于分级二产品和分级三产品，对应其粒度分布曲线由多峰分布转向单峰分布再转向多峰分布。在研究范围内，微波功率介于300～500 W时，产品的分级效果最好。

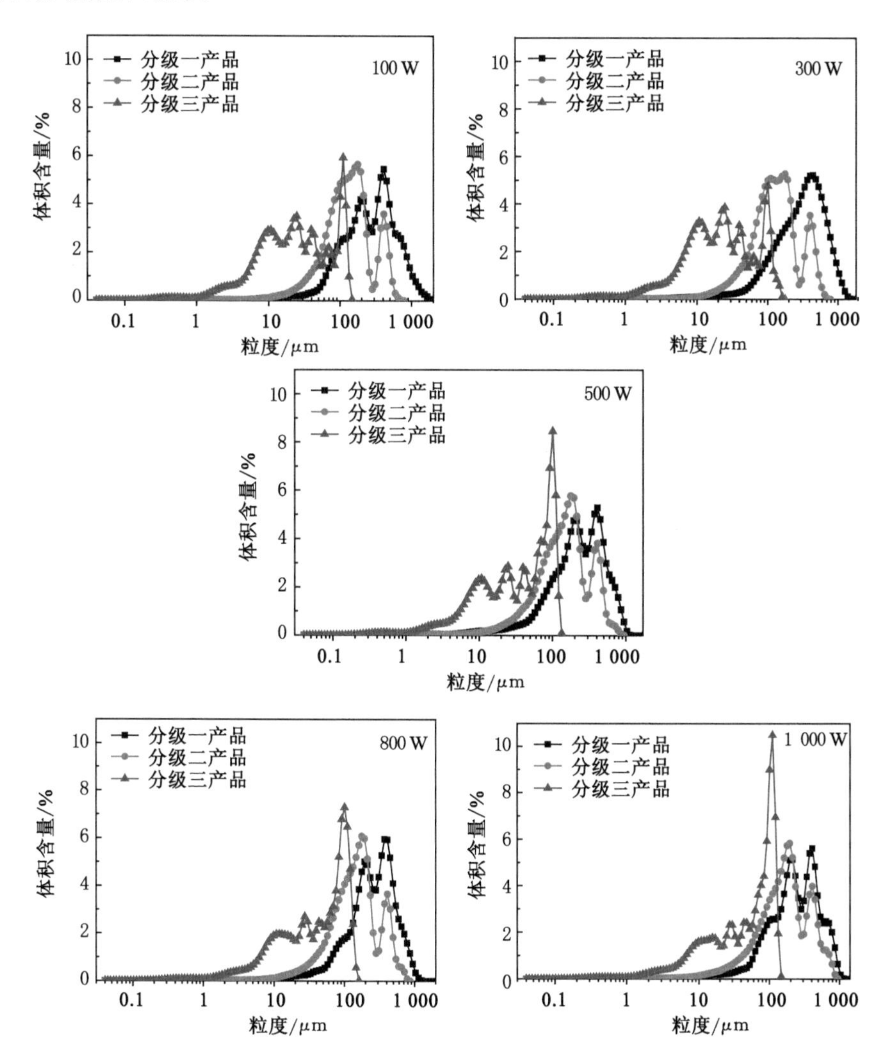

图 5-11　不同微波预处理功率对应气流粉碎-精细分级工艺产品的粒度分布图

图 5-12 为经过不同微波时间预处理后气流粉碎-精细分级工艺产品的粒度分布。由图分析可知：分级一产品对微波时间的响应程度较明显，对应粒度分布由多峰转向单峰再转向双峰分布；在微波时间为 4 min 时，分级一产品近似呈现单峰分布，其中值粒径约为 200 μm。分级二产品和分级三产品对微波时间的响应程度较小，随着微波时间的增加，对应粒度分布变化不明显。

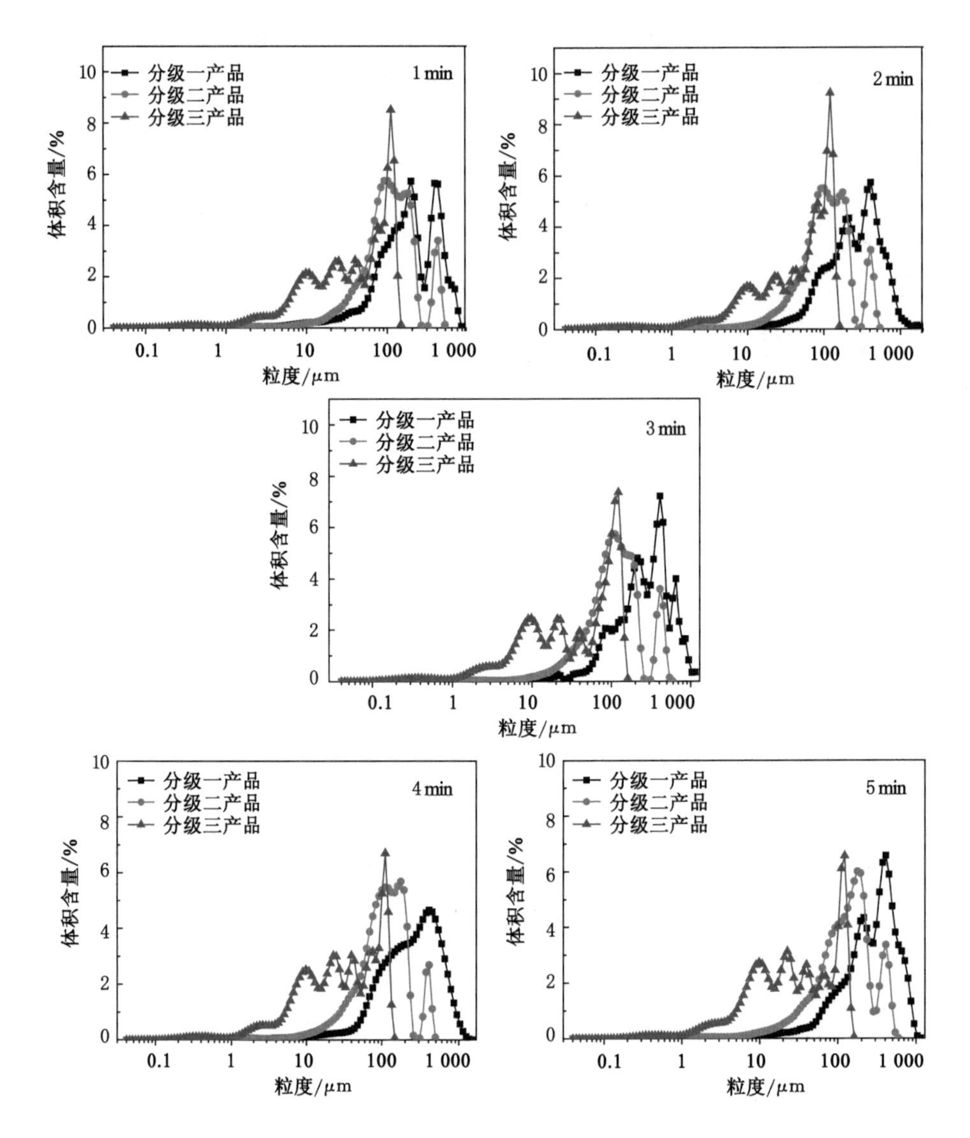

图 5-12　不同微波时间预处理后气流粉碎-精细分级工艺产品的粒度分布

结合前述对比分析可知：在研究范围内，微波时间对颗粒表面裂纹的影响程度小于微波功率。

第三节　基于多元强化的显微组分分质技术

一、基于多元强化的显微组分分质工艺设计

基于前述研究过程已验证的预分级工艺和微波预处理的作用效果，进一步设计基于多元强化的显微组分分质工艺如图 5-13 所示，此工艺主要包含三个功能单元：预分级、微波辐照强化、气流粉碎-精细分级。其工艺过程可描述为：将经过预分级得到的＋0.5 mm、0.5～0.25 mm、－0.25 mm 三个粒级煤样进行微波预处理（微波功率密度 1.2×10^{4} W/m^{3}，微波

时间 2 min),再分别进入气流粉碎-精细分级工艺系统。按预分级所得产品粒度将该工艺细分为三套子工艺,分别编号为 G1、G2、G3。

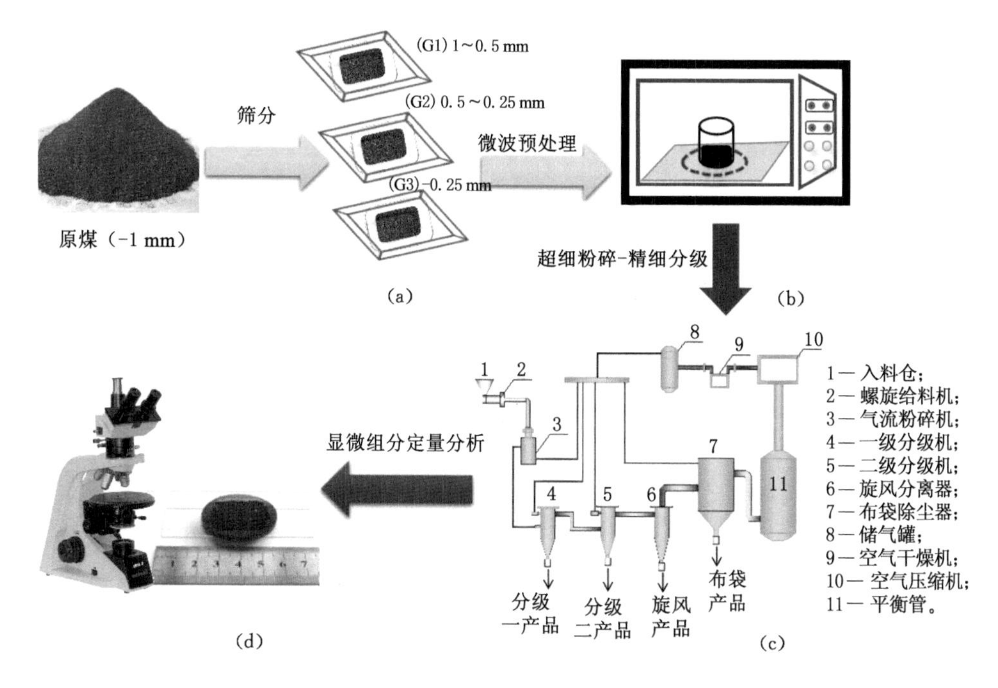

图 5-13 基于多元强化的显微组分分质工艺图

二、多元强化粉碎-分级分质工艺效果分析

图 5-14、图 5-15、图 5-16 所示分别为 G1、G2、G3 对应多元强化粉碎-分级分质工艺产品中显微组分含量及灰分、产率分布情况。整体分析可知:当煤炭粒度范围为 0.5~1 mm 和 0.25~0.5 mm 时,经微波预处理后再采用超细粉碎-精细分级工艺流程,从分级一产品到分级三产品镜质组含量先增大后减小,惰质组含量呈现先减小后增大的变化趋势,惰质组含量最高达到 75.23%。当煤炭粒度为-0.25 mm 时,从分级一产品到分级三产品镜质组含量逐渐减小,惰质组含量逐渐增大;其中镜质组含量最高达到 66.30%,惰质组含量最高达到 71.26%,显微组分富集效果较好。

结合之前的试验结果分析可知:不同粒度大小的颗粒对微波的响应程度不同,大颗粒表面的裂纹数量多于小颗粒,且镜质组脆性较大,惰质组硬度较大,因此表现为微波预处理不同粒度大小的颗粒,得到的分级产品中煤显微组分富集程度不同。

相比气流粉碎-精细分级最优工艺,该多元强化粉碎-分级分质工艺所得产品中镜质组最大含量增加 7.4%,惰质组最大含量增加 15.01%;相比预分级-气流粉碎-精细分级工艺,该多元强化粉碎-分级分质工艺所得产品中镜质组最大含量增加 4.77%,惰质组最大含量增加 1.9%。由此即证明微波可诱导不同组分的裂纹生成,强化了后续的分质效果。

此外,多元强化粉碎-分级分质工艺中从分级一产品到分级三产品灰分出现先减小后增大的变化趋势;分级二产品灰分最低为 6.77%,相比原煤灰分降低 3.61%;各分级产品灰分梯度最大达到 5.15%。说明不同矿物对微波的吸收程度不同,在气流粉碎过程中促进了煤与矿物

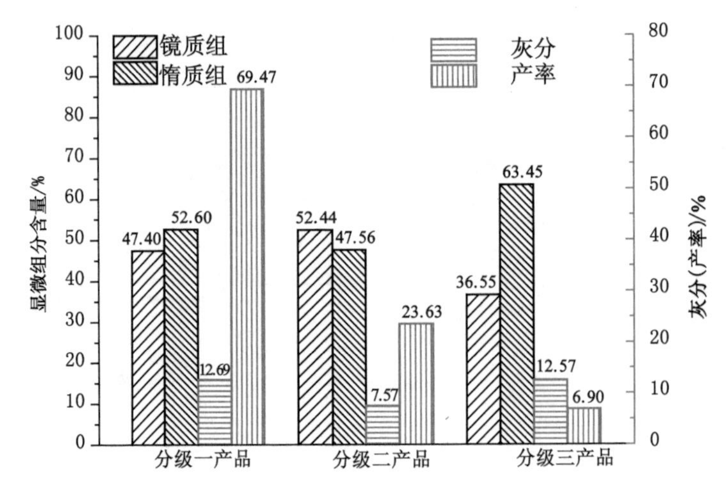

图 5-14　G1 多元强化粉碎-分级分质工艺产品中显微组分含量及灰分、产率分布

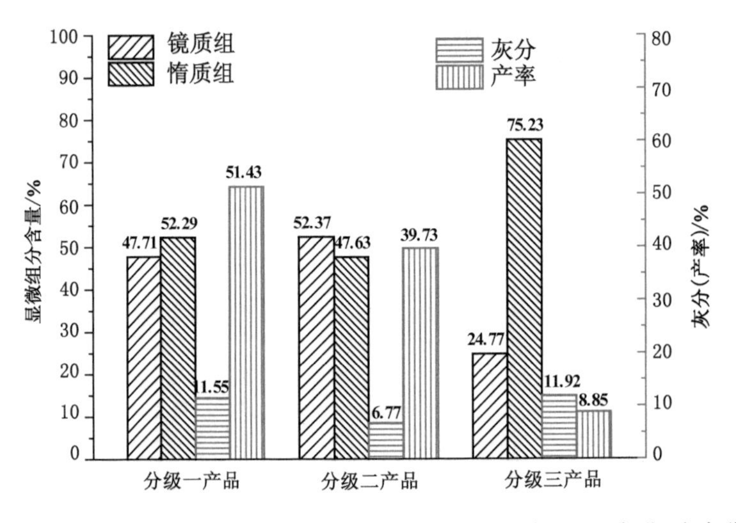

图 5-15　G2 多元强化粉碎-分级分质工艺产品中显微组分含量及灰分、产率分布

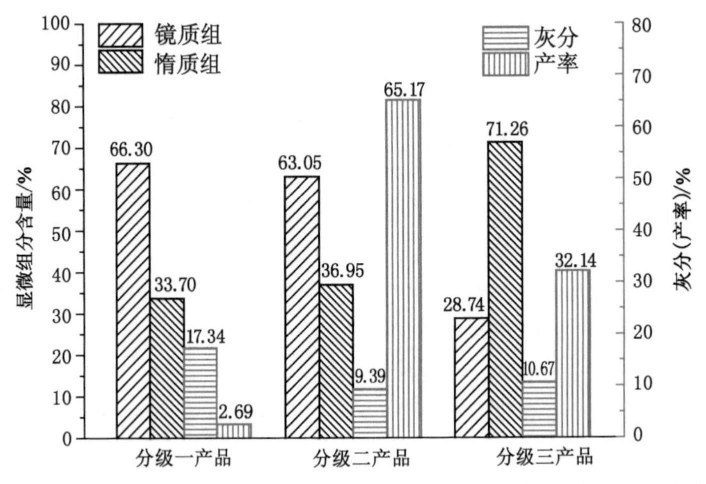

图 5-16　G3 多元强化粉碎-分级分质工艺产品中显微组分含量及灰分、产率分布

的解离，进一步证实增强了煤与矿物之间的解离性质（粒度、密度）差异，提高了分质效果。

表 5-5 为 G1、G2、G3 对应各分级产品中煤显微组分富集结果。在三组子工艺条件下，S 和 S' 变化不同，其中 G3 分级一产品的 S 值最大，为 1.97，G2 分级三产品的 S' 值最大，为 3.04；各子工艺对应分级三产品的富集效果最好，推测主要是由于微波作用强化了裂纹生成，促进了各组分的选择性粉碎，惰质组解离充分，更易在细粒中富集。

表 5-5　G1～G3 对应各分级产品中煤显微组分富集结果

试验编号	分级产品	镜质组含量/%	惰质组含量/%	S 值	S' 值
G1	分级一	47.40	52.60	—	1.11
	分级二	52.44	47.56	1.10	—
	分级三	36.55	63.45	—	1.74
G2	分级一	47.71	52.29	—	1.10
	分级二	52.37	47.63	1.10	—
	分级三	24.77	75.23	—	3.04
G3	分级一	66.30	33.70	1.97	—
	分级二	63.05	36.95	1.71	—
	分级三	28.74	71.26	—	2.48

图 5-17 为 G1、G2、G3 对应各分级产品的粒度分布图。由图分析可知：在三组子工艺条件下，从分级一产品到分级三产品，颗粒的粒度整体依次降低，其中分级一产品粒度分布曲线均呈现单峰分布，这是由于微波作用强化了各父代颗粒之间的裂纹分布，在进一步粉碎过程中，颗粒更容易沿着裂纹方向发生选择性粉碎，从而强化了分级效果。从 G1 到 G3（即进入微波辐照-气流粉碎-精细分级工艺段的入料粒度递减），分级二产品从多峰分布逐渐转向双峰/单峰分布，表明分级二产品的分级效果好转。发生优先粉碎以及多次粉碎的颗粒，产生了更多子代颗粒最终进入分级三产品，对应分级三产品粒度最细、粒度分布范围相对较宽。分级三产品虽呈现多峰分布，但主要粒径分布在 4～50 μm，基本处于各显微组分可充分解离的粒径范围。

三、显微组分多元强化粉碎-分级分质过程模型

综合以上分析，提出显微组分多元强化粉碎-分级分质过程模型，如图 5-18 所示。

原煤颗粒本身存在的裂隙和各组分物理性质的差异对预分级过程中显微组分的迁移与富集起主导影响，在预分级过程中显微组分按粒度首先发生一定程度的富集[图 5-18(a)]，但预分级对于没有解离的矿物和显微组分没有影响。

在进一步微波辐照过程中，不同显微组分之间、显微组分内部以及在热活性组分和热惰性组分之间，发生裂纹的生成、扩展以及截止，主要的裂纹形式有组内裂纹和组间裂纹[图 5-18(b)]。

最后，气流粉碎-精细分级的作用过程使得粉碎沿着裂纹的方向进行，强化了各组分和矿物之间的解离，发生选择性粉碎和随机粉碎，不同矿物和组分在不同产品中得到富集，由此实现较好的分质效果[图 5-18(c)]。

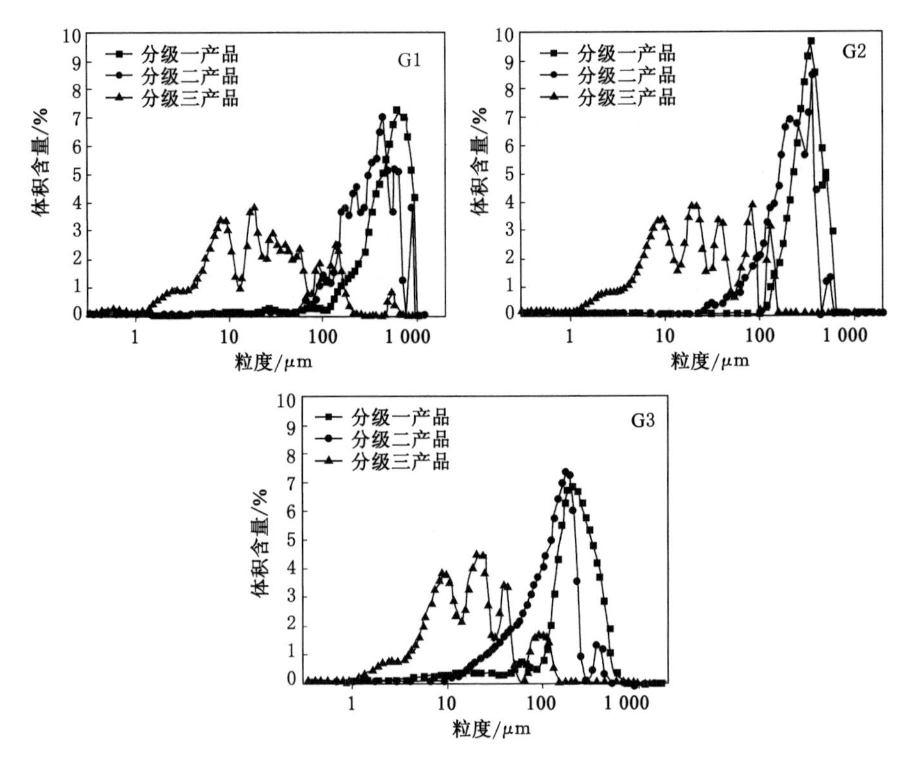

图 5-17　G1～G3 对应各分级产品的粒度分布图

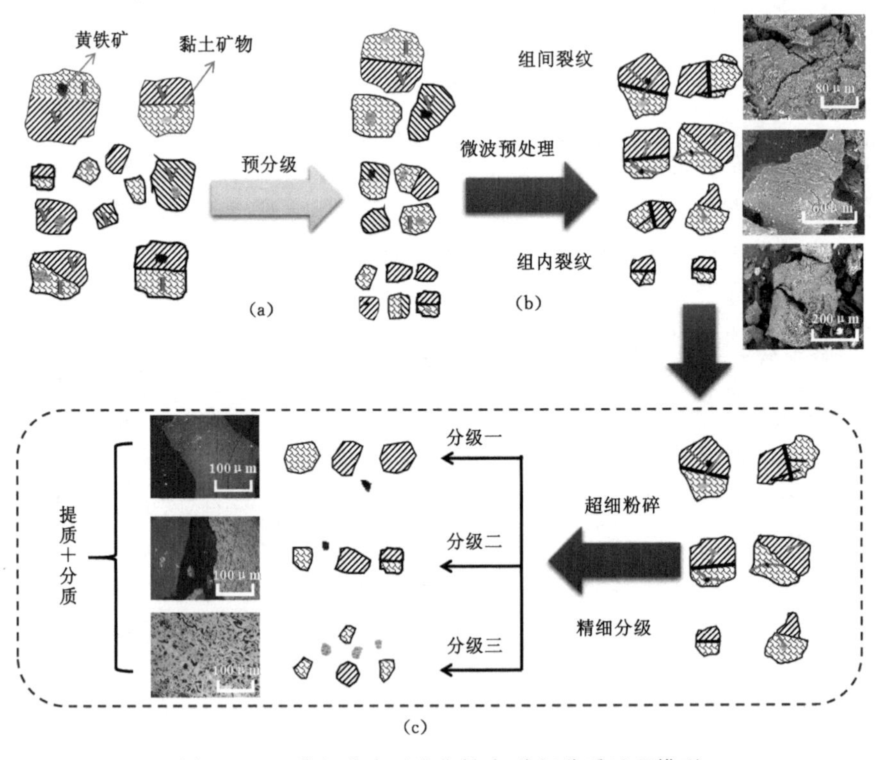

图 5-18　显微组分多元强化粉碎-分级分质过程模型

第六章　煤显微组分定量新方法初探

第一节　煤显微组分定量的方法

为了评价煤质，确定煤的分类及加工利用途径，合理利用煤炭资源，需要对煤显微组分进行定量测量。煤岩定量包括显微定量和煤岩类型两个方面的内容。目前我国一般采用光片（粉煤光片和块煤光片两种）点计法进行煤显微组分定量分析[148]。现阶段最常用的方法依据为《煤的显微组分组和矿物测定方法》（GB/T 8899—2013）。前几章我们主要使用该国标方法结合煤显微组分的解离及迁移规律进行研究，但在实际操作过程中发现，由于过程样品繁多、分析数据庞大，仅依靠国标方法存在耗时较长的弊端。因此，本章尝试引入体视学的相关原理，结合煤显微组分的嵌布特征，在国标方法的基础上探讨一种煤显微组分定量的新方法，旨在为关键分析检测方法的创新研究提供一定的借鉴。

粉煤光片显微组分定量分析的方法要点是：将具有代表性的煤（粒度＜1 mm）制成直径20～30 mm的粉煤光片，置于反光显微镜下，用白光入射，在油浸物镜下，根据反光色、形态、结构、突起特征来鉴定各种有机显微组分和无机显微组分（矿物质），用数点法统计各种显微组分的点数，然后求得各显微组分的体积百分含量[148]。在对煤显微组分进行定量测定时，要确定载物台推动尺，应保证不少于500个有效测试点均匀布满全片，点距一般以0.4～0.6 mm为宜，行距应不小于点距。对显微组分的识别，可在单偏光或者不完全正交偏光下，根据油浸物镜下的反射色、反射力、结构、形态、突起、内反射等特征进行。最终的测定结果以各种显微组分和矿物的统计点数占总有效点数的百分数（视为体积分数）来表示。在块煤光片上进行显微组分定量测定时，行距为2～4 mm，均匀布满全片，点距为50～100 nm，总点数不少于1 000点[149]。显微组分定量结果表达有以下几种：

（1）去矿物基：镜质组＋惰质组＋壳质组＝100％；

（2）含矿物基：镜质组＋壳质组＋惰质组＋矿物质＝100％；

（3）显微组分组＋黏土矿物＋硫化物矿物＋碳酸盐矿物＋氧化硅矿物＋其他矿物＝100％。

第二节　体视学的原理及应用

随着检测技术的发展，定性观察并不能满足实际应用的需求，引入体视学，即可通过二维测量值获得三维参数之间的关系。定量体视学是一种通过物体的二维截面或投影面来确定三维显微组织的方法。它通过建立从组织截面所获得的二维测量值与描述组织的三维参数之间的数学关系来实现[150]。体视学一词最早是在1961年由汉斯·伊莱亚斯（Hans Elias）在德国费尔德贝格（Feldberg）一次非正式国际会议上提出的。体视学的任务是利用严格的数学方法，根据从比实际组织维数小的截面（投影图）获得的信息，定量地描述实际组织。通过定量体视学方法，可以从二维测量值推断出三维显微组织的参数，从而获得更全面和准确的组织特征描述。这种方法在煤质评价和煤岩定量分析中的应用有望提供更精确和可靠的煤显微组分的定量结果。

一、体视学定量的方法

在体视学研究中，密度是指单位参照系中包含某相体积、表面积、面积、长度或数量等的量，体积密度是指单位体积中某相的体积[151]。体视学的基本公式如下[150,152]：

$$V_V = A_A = L_L = P_P \tag{6-1}$$

$$S_V = \frac{4}{\pi} L_A = 2P_L \tag{6-2}$$

$$L_V = 2P_A \tag{6-3}$$

$$P_V = L_V S_V / 2 = 2P_A P_L \tag{6-4}$$

式(6-1)说明了矿石中某种矿物的体积分数(V_V)等于其在任意截面上的该种矿物的面积分数(A_A)，也等于该截面上该矿物在测试线上所占的线段分数(L_L)，还等于在该截面上落在该矿物上的点数与总测试点数之比(P_P)。其中体积分数和面积分数的相等性是法国地质学家 Delesse 在 1848 年首先提出来的[152]。

式(6-2)表示了每单位体积内的表面积是穿过该组织的每单位长度任意试验线上的交点数目的两倍，L_A是显微组分的基本参数，P_L由测试线与组织抛光面的轨迹的交点测得。

式(6-3)中 L_V表示单位体积中待测矿物的线性长度，P_A是指待测矿物测试点落在测试单元单位面积的数目。

式(6-4)中 P_V指单位体积内待测矿物的数目。

基于以上理论研究基础，进行基本量的测定时通常采用点测法和面测法，且基本量一般为统计平均值。点、线、交点的变化不但能反映三维结构参数的变化，而且能更直观地反映二维结构参数(如面积、周长等)的变化，而这些二维结构参数一方面能用于推论三维结构参数，另一方面则在形态学测量中作为特定的测试指标[151]。“显微组织测量”即指的是在固体材料的显微照片中对某一组成物截面和特定弥散相中个别质点的识别、计数和测量。

二、体视学的应用

自体视学概念提出以来，被广泛应用于多个学科，主要有以下几个方面：

(1) 测量粒子的形状、尺寸以及在空间中的数量密度；

(2) 测量生物以及医学中的薄壁(片)厚度；描述复杂形状(晶粒/胞)的特征参数；

(3) 利用真实端口表面面积、面积分数、尺寸、间距以及表面的形貌参数对非平面表面(材料断面)进行定量分析；

(4) 在图像自动分析中，定量地提取几何信息和光密度等信息[150]。

随着体视学研究方法进一步成熟，很多科学研究逐渐由定性走向定量。将煤样制成光片在显微镜下观察，采用的点计法其实就是体视学的一种应用，颗粒相的体积分数等于有用颗粒点数和统计颗粒点数之比。在图像分析中，通过将数学模型引入图像分割技术，研究出了图像自动识别的理论方法，形成一系列基于显微镜的分析检测技术，提出了新的立体匹配法。在体视学原理的基础上结合其他分析检测手段，很多自动定量检测设备也应运而生，例如：背向散射电子衍射技术（EBSD）能够以快速自动化的方式对薄膜材料的微观性质进行表征，可以分析晶体的取向、结构、晶粒尺寸、晶界类型、相的分布、晶界面特征等；矿物解离分析仪结合扫描电镜和能谱仪技术，用于定量分析矿石尺寸、解离度、嵌布形态、相界面特征等参数。

第三节　煤显微组分定量新方法的提出

在定量分析煤显微组分的研究中，也有学者根据煤显微组分挥发分的不同（壳质组＞镜质组＞惰质组），通过测定其挥发分对显微组分含量进行估计，但是显微组分挥发分的差别会随着煤化程度的增加而减弱，由此造成估计数据的不准确[153]。本研究选取的西部高惰质组煤种矿物质嵌布较少（＜5%），显微组分基本只含有镜质组和惰质组（壳质组含量＜1%），由此提出采用面积法进行显微组分的定量测定，其方法简述如下：

根据《煤岩分析样品制备方法》（GB/T 16773—2008）中的规定对研究煤样进行制样，将粉煤制成煤岩光片，然后将光片置于显微镜下观察，调节视域光圈，待成像清晰后确定移动的步长，截取图片100～200张，保证截取的图片可以布满整个光片。如图6-1所示，利用GIMP 2.8软件手动选取镜质组和惰质组，手动选取的显微组分的面积由软件自动分析得

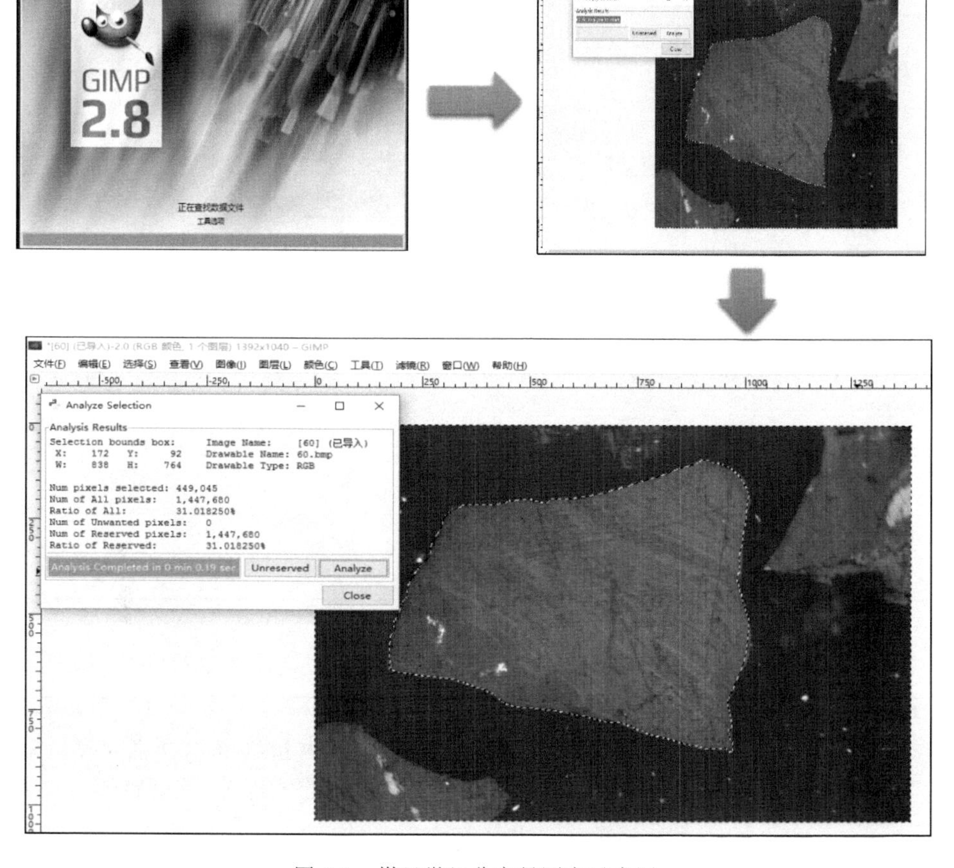

图6-1　煤显微组分定量测定示意图

出，然后经统计得出研究煤样中所有图片的镜质组和惰质组含量，计算公式如下：

$$V = \frac{1}{n}\sum_{m=1}^{n}\frac{A_{Vm}}{A_{总} - A_{m胶}} \tag{6-5}$$

$$I = \frac{1}{n}\sum_{m=1}^{n}\frac{A_{Im}}{A_{总} - A_{m胶}} \tag{6-6}$$

式中，V 和 I 分别代表镜质组和惰质组的含量，%；n 为截取的煤岩光片张数；A_{Vm} 代表第 m 张煤岩光片图片中镜质组的面积；A_{Im} 代表第 m 张煤岩光片图片中惰质组的面积；$A_{m胶}$ 代表第 m 张煤岩光片图片中胶结物所占的面积；$A_{总}$ 代表每张图片的面积。

第四节　煤显微组分定量新方法的验证

为进一步验证采用面积法定量分析煤显微组分方法的正确性，选取不同工艺条件下的部分产品煤样送至煤炭科学技术研究院有限公司煤炭工业节能监测中心进行同步的煤显微组分定量检测分析，部分结果如表 6-1 所示。

表 6-1　面积法分析值与煤炭工业节能监测中心检测数据对比（去矿物基）

SW	显微组分含量/%（面积法）		显微组分含量/%（煤炭工业节能监测中心）		误差|E|/%
	镜质组含量	惰质组含量	镜质组含量	惰质组含量	
原煤	52.78	47.22	50.71	49.29	2.07
1～0.5 mm	49.99	50.01	47.73	52.27	2.26
0.5～0.25 mm	49.71	50.29	47.31	52.69	2.4
－0.25 mm	53.88	46.12	54.11	45.89	0.23
F1-分级一	53.54	46.46	58.47	41.53	4.93
F1-分级二	50.72	49.28	55.64	44.36	4.92
F2-分级一	53.27	46.73	53.11	46.89	0.16
F2-分级二	49.55	50.45	53.96	46.04	4.41
F4-分级一	53.04	46.96	52.24	47.76	0.8
F4-分级二	52.61	47.39	57.53	42.47	4.92
F5-分级一	55.68	44.32	60.27	39.73	4.59
F5-分级二	58.99	41.01	63.95	36.05	4.96
G3-分级三	28.74	71.26	27.04	72.96	1.7

从表 6-1 中可以看出，采用面积法所测得的镜质组和惰质组含量与煤炭工业节能监测中心检测（GB/T 15588—2013，GB/T 8899—2013）所得对应的镜质组与惰质组含量相比较，误差 $|E|<5\%$。说明采用面积法进行煤显微组分定量分析的方法在误差范围内可行，进一步结合相关统计软件进行操作可以大大减少分析检测的工作量，提高整体效率。

第七章　表面裂纹分形理论与粉碎解离模型

分形作为一种定量描述颗粒表面形貌特征的手段，近年来被广泛应用于多孔介质表面粗糙度的表征中。通过对分形几何中典型分形图形的研究，发现分形图形都存在一定尺度范围内的重复与迭代，即都具有的一个典型特征：自相似性。基于分形几何的理论，本章将结合 MLA 相关分析，考察煤样表面裂纹分布的自相似性，以寻求一种可以定量描述裂纹分布特征的方法。

第一节　分形理论及应用

一、分形理论概述

随着显微测量技术的快速发展，对新材料以及不同试验条件处理下的颗粒进行表面形貌特征分析，已是科学研究中必不可少的一种检测方法。自从 Mandelbrot 在 1973 年首次提出分形的概念以来，常用分形维数来描述具有自相似性结构的不规则图形的非线性特征[154,155]。

随着多种学科的迅速发展，分形成为非线性科学中的一个前沿研究课题。在日常生活中我们熟悉的雪花、松花蛋里面的“松花”、岩石的断裂口、布朗运动的轨迹、树木的枝干等都可以看作是由许多不规则形状再分为多个层次的分形图形。在非晶态金属中，如果在大于几个原子直径的尺寸下观察金属玻璃，就会发现精密排列的原子簇，预测这些原子簇内部存在直径约为两到三个原子直径的分形结构。典型的分形图形有科赫曲线、谢尔宾斯基三角形、维切克分形、毕达哥拉斯树等，它们都具有自相似性的特征[156]，见图 7-1。

按数学性质可以将分形分为线分形、面分形、体分形[157]。分形理论实质上为人们提供了一种新的方法论，将局部认识拓宽到整体，从有限认识延伸到无限[158]。

（一）分形的典型性质[159-162]

（1）分形具有精细的结构，即有任意小比例的细节。

（2）不能用传统的几何理论描述。

（3）分形通常具有自相似的形式，可能是近似的也可能是统计意义上的，在扩大、缩小的过程中保持其自相似的特征，即标尺不变性。分形的自相似性或标尺不变性在数学上可以表示为：

$$f(\lambda r) \sim (\lambda r)^m = \lambda^m r^m = \lambda^m f(r) \tag{7-1}$$

式(7-1)的意义是把 r 扩大成 λr 以后，新的函数将会增大为原函数的 λ^m 倍（λ 和 m 均为常数），λ^m 是标度因子。

（4）分形维数是分形的定量表征手段或者基本参数。

（二）分形维数的测量方法[160-162]

分形维数的测量方法可以分为直接测量法和间接测量法。其中，直接测量法包括像素

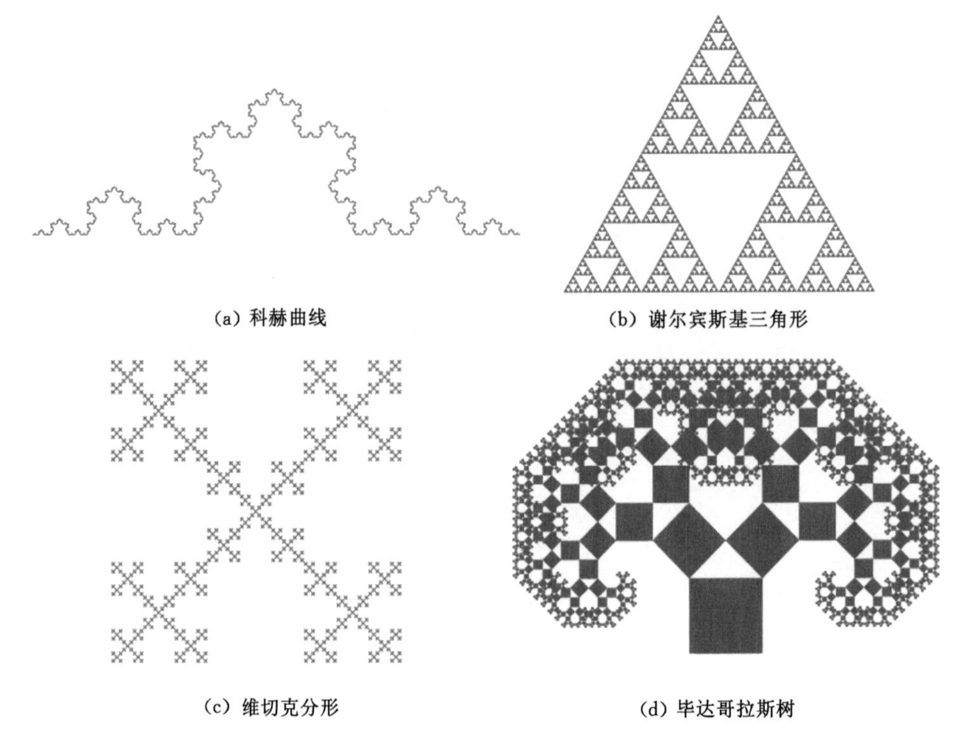
(a) 科赫曲线　(b) 谢尔宾斯基三角形
(c) 维切克分形　(d) 毕达哥拉斯树

图 7-1　典型的分形图形

点覆盖法、投影覆盖法、数字图像法;间接测量法包括二次电子线扫描法、垂直截面法、小岛分析法。在应用中常用的测量方法是根据周长-面积关系或者表面积-体积关系求分形维数。具体方法是:先对对象做不同尺度的测量,然后将尺度和测量结果(测度)做对数运算,最后做线性回归分析。

1. Sandbox 法

Sandbox 法求分形维数是将一系列尺寸 $r(r>1)$ 的圆或者方框覆盖到分形图形上,计算不同方框或者圆的像素数 $N(r)$,然后作图 $\ln N(r)$-$\ln r$。图上如果有直线部分,则在这个范围内存在 $N(r)$-$(r)^D$,而直线的斜率即为分形维数 D。

2. 小岛法

小岛法是利用其周长和面积的关系求分形维数,常被用作计算铝合金表面腐蚀形貌的分形维数。待测物体表面的"岛"或"湖"(在腐蚀试样表面指的就是腐蚀坑)的面积与其周长存在下述关系:

$$L_p^{1/D_f} = C\sqrt{A} \tag{7-2}$$

对上式取对数:

$$\lg L_p = D_f \lg C + \frac{D_f}{2} \lg A \tag{7-3}$$

式中,L_p 为腐蚀坑的周长;D_f 为分形维数;C 为常数;A 为腐蚀坑的面积。则在 $\lg L_p$-$\lg A$ 双对数坐标下,所拟合直线斜率值的两倍即为所分析图像的分形维数。

3. 计盒维数法

计盒维数法是先用扫描电镜对要测量的断面拍摄,然后采用图像处理技术对图像进行灰度处理、二值化处理，得到二值化图片后编程处理提取分形图形，计算出分形维数。计盒维数法的具体计算过程是利用封闭的正方体盒子去近似（覆盖）二维扫描电镜图像，正方体盒子的边长为$(1/2)^n$，覆盖的盒子数量为M，则分形维数为：

$$D_b=-\lim_{n\to\infty}\frac{\lg M}{\lg\left(\frac{1}{2}\right)^n} \tag{7-4}$$

其他方法还包括：① 通过改变观察尺度来求分形维数，具体方法是用圆、球、线段或正方形等具有特征长度的基本图形去近似分形图形；② 根据测度关系来求分形维数；③ 根据相关函数来求分形维数；④ 根据分布函数来求分形维数；⑤ 根据频谱来求分形维数；等等。

二、分形几何学在矿物加工中的应用

Xie 等[163]研究发现分形维数可以作为衡量物理模型中裂纹分布复杂性的指标。许多矿石颗粒周边都具有统计意义上的自相似性，例如煤、石英、黄岗岩等，而颗粒的形状分维和表面分维是其分形特征的一种定量表示手段[164]，且表面分维（D_s）和形状分维（D_p）之间存在一定的关系，即$D_s=D_p+1$。周兴林等[165]以多重分形理论为基础，采用激光轮廓仪，通过高通滤波处理验证了闪长石、黄岗岩、辉绿岩等表面轮廓具有多重分形特性。王力力[166]在研究中发现煤的粒度具有分形特征，而粒度分布可以用幂律分布的形式表示：$N_{(xk)}=C_O X_k^{-D}$，其中$N_{(xk)}$表示筛孔为X_k时筛上颗粒的数目；X_k为筛孔直径；D为粒度的分形维数。D越大则表示煤粒的粉碎程度越大。另有相关研究表明[166]：分形维数在一定的程度上可以反映物料的受力状态，分形维数越大，反映了煤样所受的冲击速度越大；表面分形维数越高代表了粉煤颗粒表面的结构越复杂。袁泉[167]通过分形维数的计算发现经过超细粉碎的煤颗粒具有双域度分形特征，且颗粒粉碎前后的微观形貌也具有一定的分形特征。也有研究指出煤空隙的分形维数随温度升高而线性增大，小空隙的扩张速度要比大空隙快。

基于已有研究可知，虽然分形几何学用于颗粒粉碎以及表面形貌的表征较多，但将分形几何学引入煤颗粒裂纹分布的定量表征以及解离特性的相关研究还很少见。

第二节　裂纹分布的自相似性

一、煤样表面裂纹分布的自相似性

以 SW、YCW 为研究对象，通过观察分析大量的 MLA 图像来研究其表面裂纹形貌特征，选取部分典型图像如图 7-2、图 7-3 所示。

从图中综合分析，YCW 和 SW 表面出现不同形式的裂纹。SW 煤样表面裂纹以相似的形状特征呈现线性排列[图 7-2(c)]，部分颗粒表面出现了枝晶状裂纹以及明显树枝状延伸的裂纹[图 7-2(f)]，排列有序；YCW 煤样裂纹主要分布于大颗粒表面[图 7-3(d)(e)(f)]，粉碎以后颗粒仍然保留原始的孔状结构[图 7-3(d)]以及波状木质纹理[图 7-32(e)]。由此可知，不同煤样表面部分颗粒裂纹具有一定的自相似规律。

二、Sandbox 法计算表面裂纹的分形维数

本研究采用 Sandbox 法来计算煤样表面裂纹的分形维数。有研究表明，采用 Sandbox

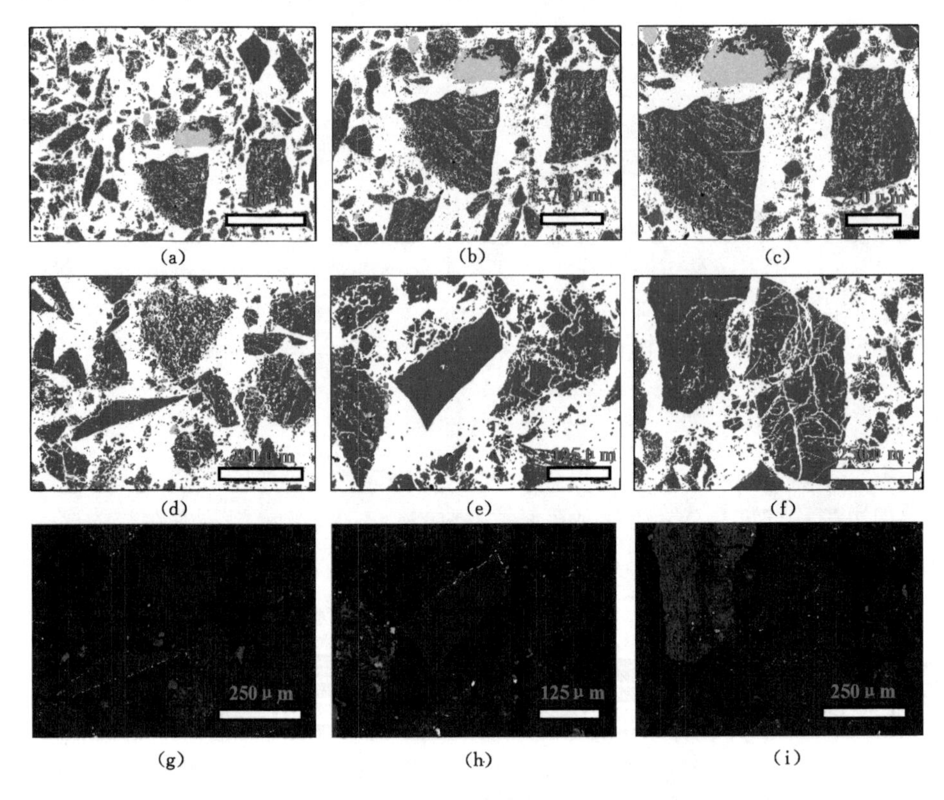

图 7-2　SW 原煤 MLA 彩色图像和背散射图像

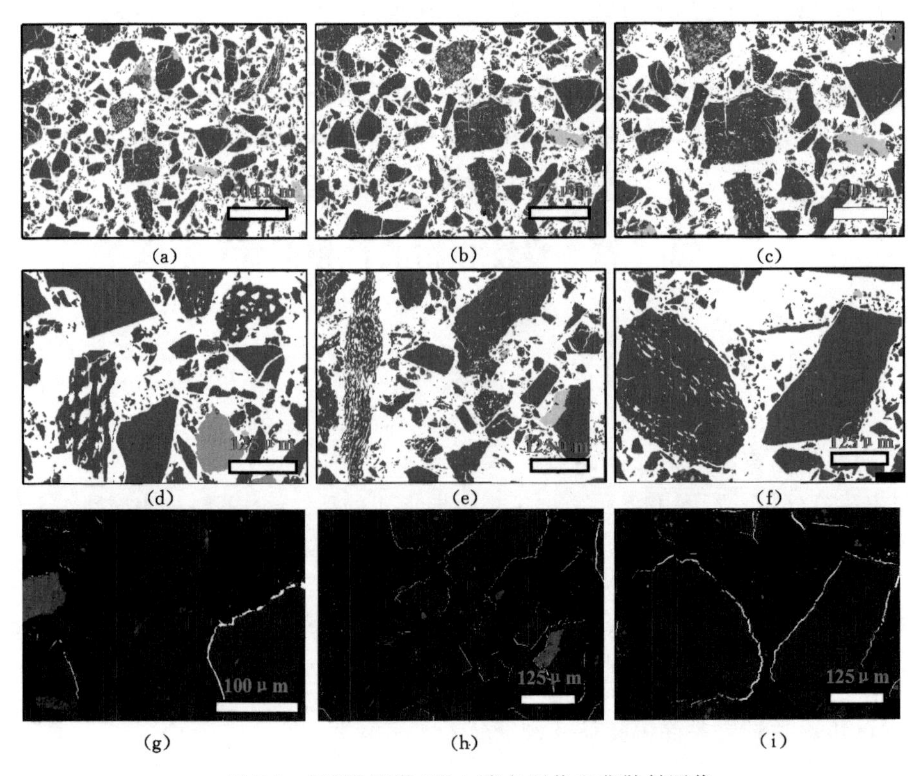

图 7-3　YCW 原煤 MLA 彩色图像和背散射图像

法求分形维数时，将圆心或者方框的中心与待测颗粒的质心重合得到的分形维数会更加准确。基于此，选取表面没有其他矿物嵌布的煤粒，以颗粒的中心作为方框的中心，方框的尺寸 r_i 不断增大，截得对应 r_i 尺寸大小的图形，采用专门的统计软件即可得出煤粒表面裂纹的像素 N。

分形维数的大小一定程度上代表了所描述物体表面的粗糙程度，采用 Sandbox 法求得 YCW 和 SW 表面裂纹的分形维数分别如图 7-4 和图 7-5 所示。从图 7-4 可以看出，YCW 对应的 $\ln N$ 和 $\ln R$ 呈现明显的线性关系，相关系数为 0.995 55，直线的斜率为 1.119 79，由此得到 YCW 表面裂纹的分形维数为 1.12。从图 7-5 可以看出，SW 对应的 $\ln N$ 和 $\ln R$ 也表现出明显的线性关系，相关系数为 0.974 02，直线的斜率为 1.120 45，由此得到 SW 表面裂纹的分形维数也为 1.12。

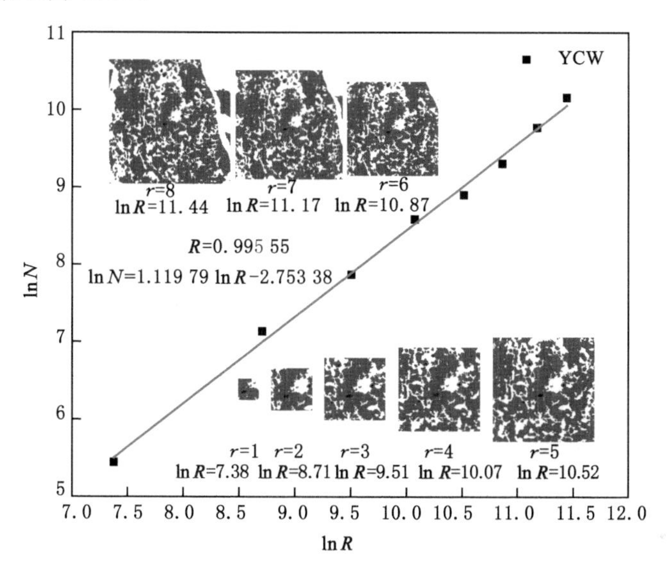

图 7-4　Sandbox 法求 YCW 表面裂纹的分形维数

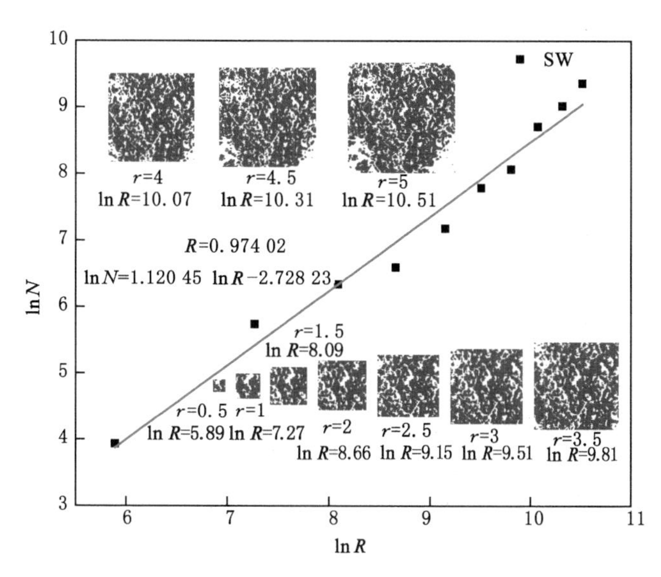

图 7-5　Sandbox 法求 SW 表面裂纹的分形维数

第三节　煤显微组分粉碎解离模型

一、煤显微组分解离计算模型

煤由一种或者多种显微组分组成，定义这些形成煤岩相的显微组分为连续显微组分域。本研究选用的煤种为西部典型高惰质组煤种，其中壳质组含量极少，主要的煤显微组分为镜质组和惰质组。粉碎过程中随着颗粒粒度的减小，主要发生两种粉碎形式，一种是沿着组分界面的组分间粉碎，另一种是组分内部进行的随机粉碎。

(1) 假设一个原始颗粒形状类似于球体，其等效圆直径为 d，则颗粒的体积 V_P 为：

$$V_P=\frac{\pi}{6}d^3 \tag{7-5}$$

这个颗粒中含有镜质组和惰质组两种组分，对应体积分别为 V_V 和 V_I。则在原始颗粒中惰质组的含量为：

$$g_I=\frac{V_I}{V_I+V_V} \tag{7-6}$$

或者

$$g_I=\frac{V_I}{V_P}$$

镜质组的含量为：

$$g_V=1-g_I \tag{7-7}$$

(2) 简化原始颗粒粉碎后所有颗粒(包含单体、连生体)拥有相同的体积 v_I、相同的直径 d_I和相同的品位(含量)g_I，则颗粒/产品中显微组分相的总数目为：

$$N=\frac{V_P}{v_I}g_I \tag{7-8}$$

同样的：

$$N=\frac{d_P^3}{d_I^3}g_I \tag{7-9}$$

式中，d_p为粉碎后颗粒尺寸。

则惰质组的总体积为：

$$V_I=N\cdot v_I \tag{7-10}$$

如果将颗粒中惰质组体积含量为 g_i的显微组分相组成一个惰质组域，则：

$$V_I=v_I \tag{7-11}$$

由此，定义这个颗粒的临界解离体积 V_{PL}和临界解离尺寸 d_{PL}分别为：

$$V_{PL}=\frac{v_I}{g_I} \tag{7-12}$$

$$d_{PL}=\frac{d_I}{\sqrt[3]{g_I}} \tag{7-13}$$

只有当粉碎产品的尺寸小于临界尺寸，目标组分才能够发生解离，即只有将颗粒解离以后才能够产生相同体积百分数的更小的组分。

(3) 如果粉碎产品中的惰质组包含了 N'个小颗粒，且它拥有相同的临界体积和临界尺寸[168]，则惰质组总的解离体积和解离尺寸为：

$$V_P = N' \cdot V_{PL} \tag{7-14}$$

$$d_P = \sqrt[3]{N'} d_{PL} \tag{7-15}$$

（4）但是在粉碎过程中，无论发生晶间粉碎或是晶内粉碎，在临界解离尺寸 d_{PL} 下会产生体积分数不同的更小颗粒，将粉碎以后的颗粒分为 m 个粒度等级。而这个颗粒原本包含 k 个组分，所以颗粒的体积等于所有组分体积之和，即

$$V_{P,k} = v_{1,k} + v_{2,k} + \cdots + v_{k,k} \tag{7-16}$$

式中，$V_{P,k}$ 代表所有颗粒的总体积；$v_{k,k}$ 代表第 k 个组分的体积。

粉碎以后颗粒中仍然包含镜质组和惰质组，定义惰质组在第 i 个粒级的品位为：

$$g_{I,i} = \frac{v_{I,i}}{V_{P,i}} \tag{7-17}$$

式中，$v_{I,i}$ 代表第 i 个粒级惰质组的体积；$V_{P,i}$ 为第 i 个粒级颗粒的体积。d_i 代表 i 粒级的粒度几何直径平均值，且规定 $d_i > d_{i+1}$（粒级依次递减），粉碎产品中 d_j 代表第 j 粒级的几何直径平均值，当 $i=j$ 时，$d_i = d_j$，从而得到第 j 粒级惰质组的解离度 $L_{I(d_i)}$ 为：

$$L_{I(d_i)} = \frac{\sum_{i=1}^{j} g_{I,j}}{\sum_{i=1}^{m} V_{P(d_i)}} \tag{7-18}$$

整体颗粒的解离度为：

$$\overline{L_0} = \sum_{j=1}^{m} L_{(d_i)} \gamma_j \tag{7-19}$$

式中，$L_{(d_i)}$ 为产品中颗粒的整体解离度；γ_j 为第 j 粒级的产率。

二、煤显微组分粉碎解离过程描述

常规解离度的定义为：产品中某种矿物的单体含量与该矿物总含量比值的百分数。则粉碎后颗粒整体的解离度如下：

$$L_T = \frac{V_S}{V_S + V_L} \tag{7-20}$$

式中，L_T 为粉碎以后颗粒整体的解离度；V_S 为粉碎产品中单体的体积百分数；V_L 为粉碎产品中连生体的体积百分数。

惰质组和镜质组解离度如下：

$$L_I = \frac{v_i}{V_T} \tag{7-21}$$

$$L_V = \frac{v_v}{V_T} \tag{7-22}$$

$$V_T = v_v + v_i + v_l \tag{7-23}$$

式中，L_I 为粉碎产品中惰质组的解离度；L_V 为粉碎产品中镜质组的解离度；V_T 为粉碎颗粒中总的体积百分数；v_v、v_i、v_l 分别代表粉碎产品中的镜质组的体积百分数、惰质组的体积百分数、连生体的体积百分数。

（1）定义界面解离因子 P' 为产品中由界面破碎产生的目标组分单体体积与产品中目

标组分体积的比值。如果镜质组和惰质组完全沿着组分界面解离[图 7-6(a)],则产品中不存在连生体,界面解离因子 $P'=1$,则式(7-23)变为:

$$V_{T}=v_{v}+v_{i} \tag{7-24}$$

此时惰质组的解离度(L_{I})和镜质组的解离度(L_{V})分别为:

$$L_{I}=\frac{v_{i}}{v_{i}+v_{v}} \tag{7-25}$$

$$L_{V}=\frac{v_{v}}{v_{i}+v_{v}} \tag{7-26}$$

(2) 如果颗粒的粉碎完全是沿着组分内进行[图 7-6(b)],且不产生目标组分的单体,则目标组分解离度 $L_{0}=0$,此时界面解离因子 $P'=0$。

(3) 在粉碎作用下,颗粒同时发生组分界面的粉碎和组分内部的粉碎[图 7-6(c)],颗粒中产生目标组分单体和两种组分的连生体,此时界面解离因子 P' 介于 0~1 之间。P' 值的大小与目标组分的硬度、韧性、粒度大小、共生组分的物理性质以及各组分间是否具有明显界面特征等因素有关。

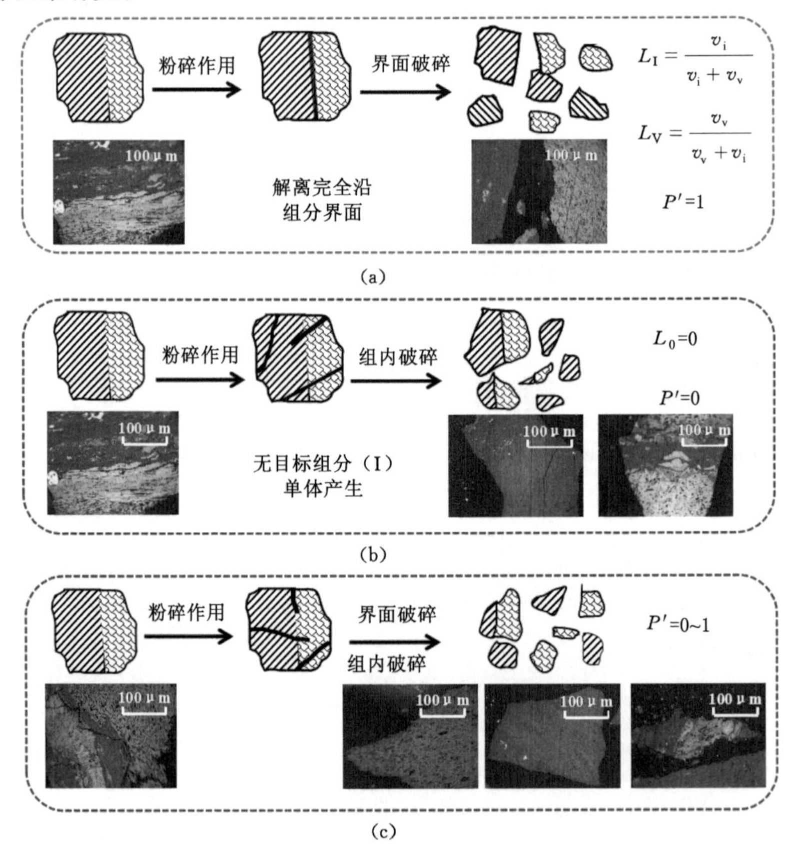

图 7-6　煤显微组分解离过程模型

第八章　迈向未来的煤炭分质(高质化)加工利用技术

针对我国能源结构以煤为主、液体燃料缺乏、能源消耗带来严重环境污染以及优质煤炭资源逐渐减少等问题，煤炭气化、液化、多联产、燃煤污染物提质等方面的基础研究越来越受到重视。煤炭深加工、精细高质化利用成为煤炭资源发展的一个必然趋势。本专著基于西部高惰质组煤深度开发利用的需求背景，提出一种煤显微组分解离与分质技术，其本质是在常规粉碎技术的基础上根据煤炭自身的嵌布特征，协同强化裂纹的生成，并联合精细分级调控机制，最终实现不同显微组分的高效解离与分选。

第一节　煤炭分质(高质化)研究思路

一、传统典型粉碎方式对煤中矿物及显微组分解离规律的总结

煤是一种复杂的有机可燃沉积岩，煤中不同矿物和有机显微组分对粉碎方式的响应程度不同，因此粉碎方式对矿物和显微组分的解离起到关键性作用。合适的粉碎方式有助于矿物及显微组分的界面解离，减少粉碎能耗。本专著选取几种西部典型高惰质组煤，从传统典型粉碎方式的作用效果入手，在煤岩分析的基础上，引入 MLA 等煤炭加工领域鲜有尝试的分析技术，通过矿物成分、相界面特征、解离度与不同组分回收率之间的关系等定性、定量分析，考察了不同粉碎方式作用下矿物及显微组分的解离规律。

通过分析棒磨和球磨作用下对应的颗粒解离特性、相界面特征规律、粉碎分级特征等，指出颗粒在解离的过程中不仅受磨矿方式的影响，还受矿物嵌布粒度大小、嵌布方式、嵌布状态等因素的影响。在棒磨作用下，针对含量较多、嵌布粒度较大的组分，晶间粉碎占主导，晶内粉碎为辅；在球磨作用下，针对嵌布粒度较细、层状分布的组分，晶内粉碎占主导，晶间粉碎为辅。

通过分析机械冲击粉碎-分级工艺对应的颗粒解离特性及粉碎分级特征发现：目标矿物不同的嵌布状态对应的 $PSSA$ 不同，而单一的解离参数($PSSA$、FS)并不能评价矿物的解离程度。矿物解离过程中自由面的变化主要有两个来源：① 由目标矿物晶内裂纹产生新的表面；② 由晶间裂纹导致目标矿物与其他矿物之间的界面面积减少而产生自由面。矿物的相比界面积的变化由相界面面积和自由面的变化共同决定，相比界面积的变化又在一定程度上反映了解离度的变化。

不同组分因其自身的物理性质(如显微硬度等)差异发生粉碎，粉碎方式对显微组分的解离表现出一定选择性。球磨作用主要靠瞬间的冲击力使颗粒粉碎，单位面积所受的应力较大，对应显微组分粒度的减小主要发生在颗粒表面应力较弱处，碎裂由外部向内部延伸，容易产生随机裂纹；棒磨作用通过相对缓慢增大的挤压作用力大于颗粒的应力强度而使颗粒粉碎，因此其裂纹由内向外扩展。惰质组和镜质组的碎裂程度不同，在不同粒径的产品中达到较好的差异性富集效果。由此为后续煤岩组分分质技术奠定基础。

二、超细粉碎-精细分级分质技术的提出

显微组分的嵌布形式复杂、嵌布粒度较细，能够实现其有效分选的粒度要求较为苛刻，现阶段我国的干法分选技术难以适配其分选粒度要求。由此，基于西部煤炭资源的嵌布特征与深度开发需求，将干法分选和高质化加工技术有机结合，设计高效的煤炭粉碎解离与富集方法成为关键。基于传统典型粉碎方式对煤解离规律的影响，从充分解离与高效分级的角度设计超细(气流)粉碎及精细分级工艺，探讨不同显微组分的分级分质效果。

超细(气流)粉碎-精细分级技术可实现不同显微组分的初步分质富集，其精细分级过程的宗旨即在于扩大(精细化)镜质组和惰质组之间的物理性质差异。可以推断煤显微组分物理性质对其富集效果影响较大。

针对超细(气流)粉碎-精细分级过程中分级产品尚有未充分解离组分的情况，提出了多级粉碎-精细分级分质技术，其多级粉碎与精细分级单元共同促进了嵌布粒度较细的显微组分的有效解离与分质，且对惰质组的富集具有明显的强化作用，但针对丝质体以“条带状”“纤维状”顺层排列在镜质组外的嵌布状态仍存在作用短板。

三、基于多元强化的显微组分分质技术

煤中不同组分对微波的响应程度不同：对微波响应程度较高的组分颗粒表面裂纹数量较多且密集呈现网格状分布，对微波响应程度较弱的组分颗粒表面没有裂纹或者裂纹数量较少呈现直线形分布。借鉴过程强化思想，基于微波诱导裂纹生成与扩展的基础研究，设计了多元强化粉碎-分级分质工艺。“多元”是指预分级、微波辐照强化、气流粉碎-精细分级等多功能单元的强化体系。

原煤颗粒本身存在的裂隙和各组分物理性质的差异对预分级过程中显微组分的迁移与富集起主导影响，在预分级过程中显微组分按粒度首先发生一定程度的富集，但预分级对于没有解离的矿物和显微组分没有影响。在进一步微波辐照过程中，不同显微组分之间、显微组分内部以及在热活性组分和热惰性组分之间，发生裂纹的生成、扩展以及截止。气流粉碎-精细分级的作用过程使得粉碎沿着裂纹的方向进行，强化了各组分和矿物之间的解离，不同矿物和组分在不同产品中得到富集，由此实现较好的分质效果。

本专著所提及并拓展开发的超细粉碎-精细分级分质技术，其初衷是为实现西部高惰质组煤炭资源分级分质加工。因过程机理及效果的普适性，相关关键技术不仅适用于西部地区的煤炭领域，还可以推广应用于其他地区、不同类型的煤炭。

第二节　基于超细粉碎-精细分级的稀缺炼焦中煤干法提质技术

众所周知，炼焦中煤是焦煤分选加工得到的副产品，属于典型的低品质煤，由于其灰分较高，大部分只能当作燃料直接使用，造成了稀缺煤炭资源的严重浪费以及环境的污染。目前，对低品质煤进行分质转化利用，将其用于精细化学产品、煤基材料等高附加值产品的加工成为国内外研究的热点[169-174]。我国大部分炼焦中煤的煤岩组成及矿物嵌布特征有很大差别，一般需要将其粉碎至 10～20 μm 才能使煤与矿物质充分解离，进而才有可能达到有

效的分选[175-177]。国内针对低品质煤提质较为前沿的方法多为浮选、油团聚等湿法提质技术,在获得一定提质效果的同时,存在工艺复杂、药剂耗量大、煤泥水处理困难等问题[178-181]。干法分选技术可以有效克服湿法分选的上述弊端,同时对于我国煤炭资源战略西移具有重要意义。但传统的干法分选技术精度低,尤其对入选原煤的粒度要求下限较高,尚无法有效适配低品质煤细粒、微细粒的提质分选要求。本节所述研究即借鉴超细粉碎与分级联合工艺在非煤领域的粉碎提纯应用技术,利用西安科技大学自行研发设计的气流粉碎-精细分级系统,进行稀缺焦煤中煤提质技术与过程特征的研究,以期为低品质煤干法分选提质提供技术借鉴。

一、原料及方法

(一)原料及主要设备

以我国山西焦煤集团西曲选煤厂的末中煤为研究对象,通过工业分析(表8-1)可知其灰分和硫分均较高,属于典型低品质煤。进一步的煤岩显微组分分析结果(表8-2)表明,其组成主要为有机组分,含量超过70%,其中镜质组分含量最高,为40.53%,说明仍然存在较高含量的可燃体组分。煤中无机组分含量较低,主要为黏土;硫含量相对偏高,硫化物含量为2.47%。

表8-1　山西炼焦中煤工业分析

煤样	A_{ad}/%	S_{ad}/%	M_{ad}/%	V_{daf}/%	FC_{ad}/%
山西炼焦中煤	33.45	2.29	0.71	17.83	48.01

表8-2　山西炼焦中煤煤岩显微组分

有机组分/%			无机组分/%		
镜质组	惰质组	壳质组	黏土	硫化物	碳酸盐
40.53	28.82	1.14	25.52	2.47	—

以西安科技大学自行设计的气流粉碎-精细分级工艺系统为主体(图4-1),开展该末中煤的相关提质研究。

(二)研究方法

将末中煤初碎至−0.125 mm,作为气流粉碎-精细分级系统的入料。设定基本运行条件为:一级分级机转速为6 000 r/min,二级分级机转速为18 000 r/min,粉碎压力为0.30 MPa,入料量为84 g/min,考察主要工艺参数——分级机转速、粉碎压力、入料量对各分级产品质量的影响。

采用《煤的工业分析方法》(GB/T 212—2008)中慢灰的测定方法,对各分级产品进行灰分的测定;采用各分级产品间的最大灰分梯度来反映提质效果,即最大灰分梯度越大,提质效果越显著。在保证灰分指标的前提下,兼顾产品产率,综合评价提质效果。

需要特别说明的是:本研究采用的超细粉碎-精细分级技术不同于通过可能偏差E_p来评价分选效果的传统重选方法,分级效率是实现提质效果的关键。由此在配合灰分梯度作为主要评价指标的同时,采用分级精度来评价分选(分级)效果更合适。分级精度K为部分分级效率为25%和75%的比值,理想的分级精度为1,各分级产品的分级精度越接近1,说明粒度分布范围越窄，则分级效果越好。

鉴于所研究煤样的硫分较高，采用《煤中全硫的测定方法》(GB/T 214—2007)对各分级产品进行全硫含量的测定，通过脱硫率的分析进一步评定提质效果。

二、气流粉碎-精细分级系统主要工艺参数对提质效果的影响

图 8-1 所示为不同工艺参数条件下对应各气流粉碎-精细分级工艺产品的灰分与产率。

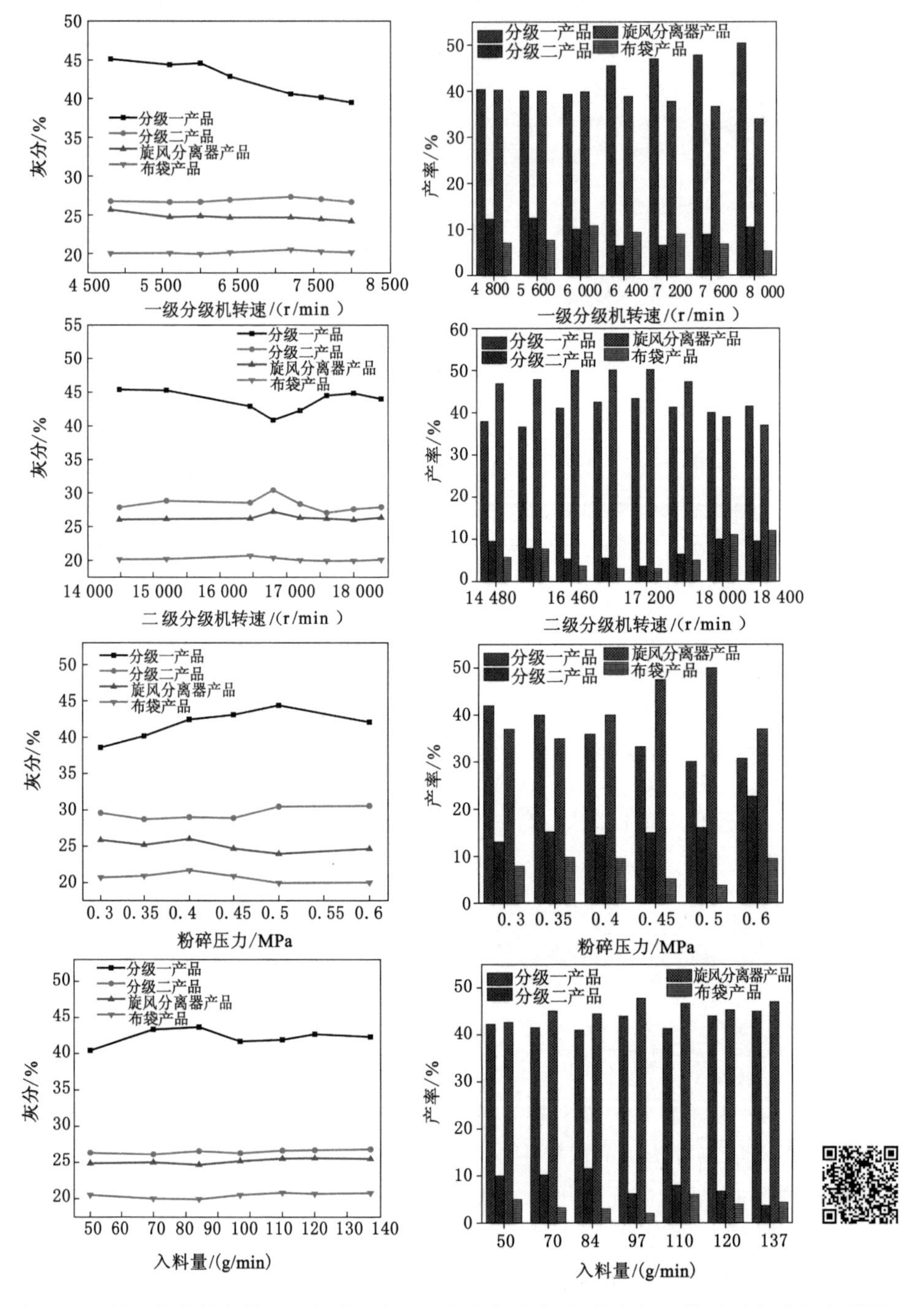

图 8-1　不同工艺参数条件下对应分级产品的灰分与产率(扫描右侧二维码可查看相应彩图)

从灰分角度分析：从分级一产品到布袋产品对应灰分逐级递减；分级二产品与旋风分离器产品的灰分相对较为接近；最大灰分梯度产生于分级一产品与布袋产品之间。从产率角度分析，分级一产品和旋风分离器产品为主要产品，其产率之和达到 80%左右，布袋产品产率较低。

分析分级机转速的影响可知：在一级分级机转速为 6 000 r/min 时，分级一产品和布袋产品灰分梯度最大为 24.86%，此时布袋产品灰分最低为 19.94%，提质效果最明显；在二级分级机转速为 18 000 r/min 时，分级一产品和布袋产品灰分梯度最大，此时布袋产品的灰分最低为 19.94%，提质效果明显。

分析粉碎压力的影响可知：随着粉碎压力的增大，分级一产品和布袋产品的灰分梯度基本呈现先增大后减小的趋势；在粉碎压力为 0.50 MPa 时，分级一产品和布袋产品的灰分梯度达到最大为 24.44%，同时作为主导产品的旋风分离器产品产率最高可达 50.00%，提质效果最好。

分析入料量的影响可知：随着入料量的增加，分级一产品的灰分呈现先增大后减小的趋势，分级二产品、旋风分离器产品、布袋产品的灰分变化不明显；各分级产品的产率随入料量的变化也不明显。控制合适的入料量(在本研究范围内为 84 g/min 左右)，分级一产品和布袋产品的灰分梯度达到最大，提质效果最好。

三、气流粉碎-精细分级工艺产品粒度与分级精度

图 8-2 为各气流粉碎-精细分级工艺产品对应的粒度分布。产品的主要粒度范围分别为：分级一产品(20～200 μm)、分级二产品(20～170 μm)、旋风分离器产品(1～20 μm)、布袋产品(0.2～20 μm)。各分级单元的分级精度如表 8-3 所示，从一级分级机到布袋除尘器对应分级精度依次降低；二级分级机与旋风分离器分级精度较为接近，仅相差 0.06，对应前述分级二产品与旋风分离器产品的灰分较为接近的现象；一级分级机的分级精度最高，可达 0.60，对应最大灰分梯度的极大值。综上可知，分级精度侧面表征分选效果，即分级精度越高，分选效果越好。

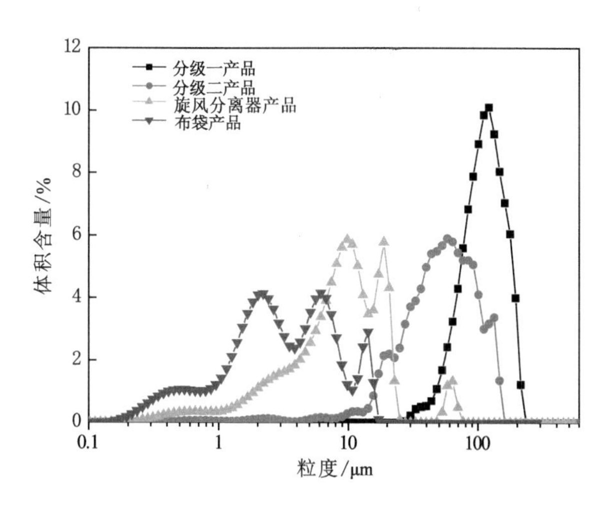

图 8-2　各分级产品的粒度分布

表 8-3　各分级单元的分级精度

精细分级	一级分级机	二级分级机	旋风分离器	布袋除尘器
K	0.60	0.41	0.35	0.25

结合各气流粉碎-精细分级工艺产品的煤岩光片(图 8-3),进一步分析各分级产品的硫分(表 8-4)可知,黄铁矿在各分级产品中主要以团块状和星点状不均匀分布,其含量和粒度大小从分级一产品到布袋产品依次减小,对应各分级产品的硫分出现梯级减小的变化趋势,即硫分主要在分级一产品中富集;旋风分离器产品和布袋产品的硫分均低于原煤,布袋产品硫分最低可达 1.32%,脱硫率达 42.36%。

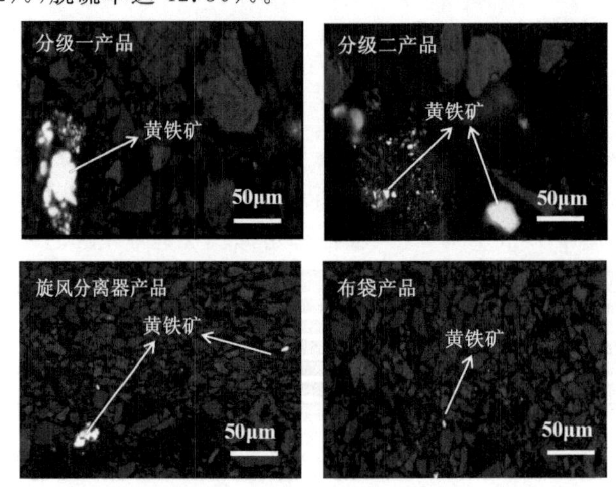

图 8-3　各分级产品的煤岩光片(油浸 500×)

表 8-4　各分级产品的硫分

分级产品	S_{ad}/%			
分级一产品	4.34	3.52	3.16	3.94
分级二产品	2.27	2.48	2.12	2.35
旋风分离器产品	1.57	1.88	1.94	1.98
布袋产品	1.32	1.62	1.57	1.35

四、正交试验分析

在各气流粉碎-精细分级工艺产品有明确灰分梯度的情况下,综合产率和低灰产品产出两大因素,以旋风分离器产品的灰分(评价指标①)和产率(评价指标②)作为评价指标设计正交试验,对应因素和水平如表 8-5 所示,结果如表 8-6 所示。

R_1 和 R_2 分别是以旋风分离器产品灰分和产率为评价指标的极差,由此可知各工艺参数对旋风分离器产品的灰分和产率影响大小分别为:B>C>A>D,A>C>B>D。由于影响规律并不完全一致,因此进一步采用 F 分布检验法对各因素进行显著性检验,结果如表 8-7 所示。结果表明:二级分级机转速、粉碎压力对旋风分离器产品灰分影响显著,且二级分级机转速的影响更大;各工艺参数对旋风分离器产品产率的影响均不显著。

表 8-5　因素和水平

因素	A 一级分级机转速 /(r/min)	B 二级分级机转速 /(r/min)	C 粉碎压力 /MPa	D 入料量 /(g/min)
水平一	4 800	17 200	0.40	70
水平二	6 000	18 000	0.50	84
水平三	7 200	18 400	0.60	97

表 8-6　正交试验设计及结果($L_9(3^4)$)

编号	A	B	C	D	评价指标①	评价指标②
1	4 800	17 200	0.40	70	23.25	57.17
2	4 800	18 000	0.50	84	23.61	60.83
3	4 800	18 400	0.60	97	23.61	58.33
4	6 000	17 200	0.50	97	23.17	51.67
5	6 000	18 000	0.60	70	24.24	54.00
6	6 000	18 400	0.40	84	22.80	41.00
7	7 200	17 200	0.60	84	23.57	60.17
8	7 200	18 000	0.40	97	23.59	55.17
9	7 200	18 400	0.50	70	22.74	60.50
极差 R_1	0.19	0.76	0.63	0.13	—	—
极差 R_2	9.89	3.39	6.39	3.11	—	—

表 8-7　方差分析表

项目	因素	偏差平方和	自由度	均方差	F 值	$\lambda_{0.05}$	显著性
评价指标①	A	0.06	2	0.03	2.00	19.000	
	B	0.90	2	0.30	30.00	19.000	*
	C	0.76	2	0.38	25.33	19.000	*
	D	0.03	2	0.015	1.00	19.000	
	误差	0.03	2				
评价指标②	A	192.32	2	96.16	11.87	19.000	
	B	20.97	2	10.49	1.29	19.000	
	C	83.73	2	43.37	5.17	19.000	
	D	16.21	2	8.11	1.00	19.000	
	误差	16.21	2				

一级分级机转速直接影响返回粉碎腔的物料量,间接影响后续的分级过程,因此对旋风分离器产品灰分影响较小;入料量直接影响的是粉碎腔的物料浓度,对后续旋风分离器产品的灰分影响仍是间接作用过程;粉碎压力为整个系统的能量来源,决定物料的粉碎解离程度,直接影响分级产品的质量,由此表现为对旋风分离器产品灰分影响较大;二级分级机转

速直接的影响单元为旋风分离器，其分级效果决定了旋风分离器的入料条件，直接影响旋风分离器产品的质量，因而表现为对旋风分离器产品灰分影响显著。

第三节　基于超细粉碎-精细分级的超纯煤高质化制备技术

太西无烟煤具备低灰、低硫、低磷以及高固定碳含量、高机械强度、高化学活性、高导电性等特点[182]，是一种稀缺煤炭资源，目前已列入国家保护性开采规划。近年来，煤的材料化研究越来越受到人们的重视，对太西无烟煤进行超纯化研究是制备高附加值煤基材料的前提。在超纯煤的制备中，绝大多数方法要求在分选前煤与矿物质能充分解离。尤其是对于矿物质含量很少、矿物嵌布粒度较细的超低灰太西无烟煤，只有超细化后才能更有效地分离、除杂提纯[80,183-185]，以达到材料化应用的目的。为了满足超细粉碎技术的要求，各种超细粉碎设备应运而生，其中流化床气流粉碎机及其配套设备在产品粒度、粒度分布和纯度等方面具备突出的作用效果[186-188]。目前，常见的超细粉碎技术主要应用于金属矿和非金属矿物的提纯或改性等方面，以煤为原料的超细粉碎实现矿物解离并提纯的研究鲜有报道。

一、原料及方法

（一）原料及主要设备

研究所用煤样为 0.5～6 mm 超低灰太西无烟煤样（简称为 TX），煤质分析结果见表 8-8。超低灰太西无烟煤是一种低水、低灰分（2.94%）、高固定碳含量（约 89%）且低硫（0.10%）的优质无烟煤。

表 8-8　超低灰太西无烟煤的工业分析与元素分析　　单位：%

工业分析				元素分析				
M_{ad}	A_d	V_{daf}	FC_{ad}	C_d	H_d	N_d	O_d	$S_{t,d}$
1.59	2.94	7.34	88.51	89.47	3.48	0.79	3.21	0.10

煤岩显微组分分析结果如表 8-9 所示。超低灰太西无烟煤样中主要显微组分为镜质组，其次为惰质组，未检测到壳质组；煤样中的矿物含量很少，主要矿物种类为碳酸盐矿和黏土矿。由图 8-4 煤岩光片分析可知：TX 中的矿物主要为菱铁矿、黏土矿物，其中菱铁矿粒度相对较大，而黏土矿物粒度极细，呈细分散状分布。

表 8-9　超低灰太西无烟煤的煤岩分析　　单位：%

去矿物基				含矿物基			
镜质组	惰质组	壳质组	有机组分	黏土矿物	硫化物矿物	碳酸盐矿	氧化硅类矿
58.5	41.5	0.0	98.3	0.8	0.0	0.9	0.0

综上分析，太西无烟煤的品质较高，为高附加值煤基材料制备提供了优质的材料基础。

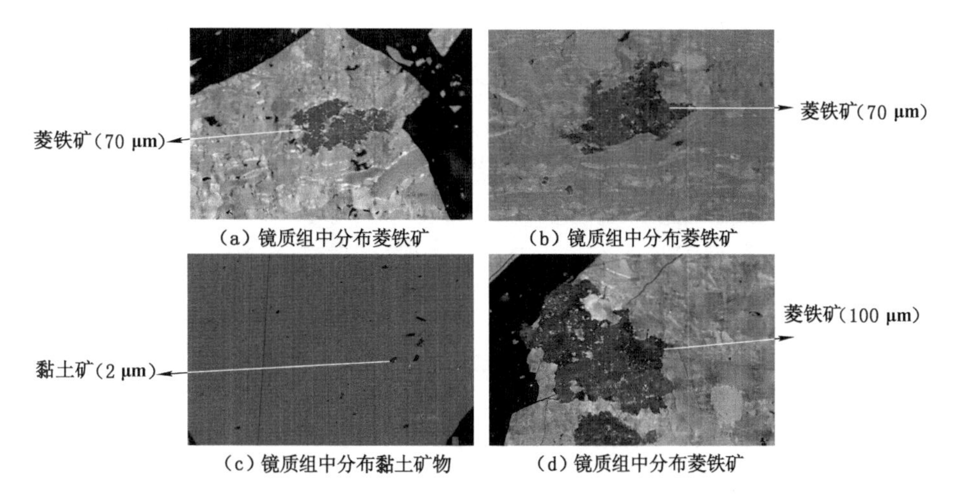

图 8-4 TX 煤样矿物质嵌布状态

研究所用主要设备仍以流化床气流粉碎机为主体,设计气流粉碎-精细分级工艺系统如图 8-5 所示。

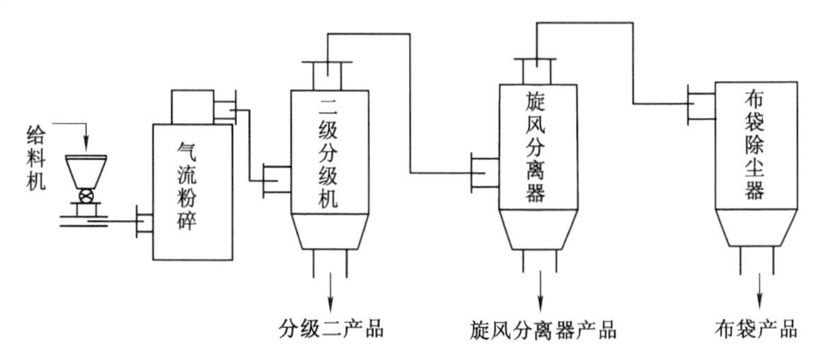

图 8-5 气流粉碎-精细分级工艺系统示意图

(二) 研究方法

将 TX 煤样预先粉碎至<1 mm 作为气流粉碎-精细分级工艺的入料,粉碎产品经多级分级后得到多级产品。工作介质为空气,考察工艺系统粉碎压力、一级分级机转速、二级分级机转速、二次风压力等主要工艺参数对各分级产品灰分的影响。在单因素试验结果的基础上设计正交试验,研究能实现超纯煤制备的最佳工艺参数。采用激光粒度分析仪对气流粉碎-精细分级工艺产品进行粒度分布测定。根据《煤的工业分析方法》(GB/T 212—2008)中慢灰的测定方法测定各分级产品的灰分值。采用《煤中全硫的测定方法》(GB/T 214—2007)对各分级产品进行全硫含量的测定。

图 8-6 为 TX 破碎至−1 mm 的激光粒度分布图和扫描电镜图。由图分析可知:原煤的粒度分布曲线呈现多峰分布,粒度范围较广,大部分颗粒粒径介于 10~700 μm 之间,端口形貌多呈现不规则棱形。

经过气流粉碎-精细分级工艺系统的物料将按照粒度特性分成若干粒度区间,分级后产品中粒度为 d_p 的颗粒含量占入料中粒度为 d_p 的颗粒含量称为部分分级效率,用分级精度来评价经过气流粉碎一分级系统得到的各级产品的分级效率,分级精度为部分分级效率为

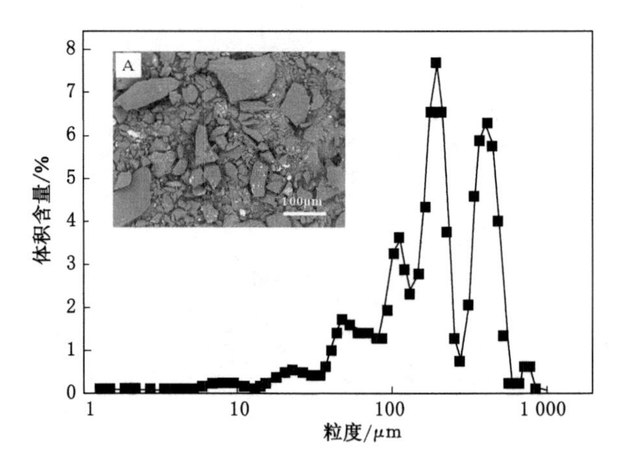

图 8-6 TX 破碎至−1 mm 的激光粒度分布图和扫描电镜图

25%和 75%时所对应的比值，记为 K，理想分级精度为 1，设分级精度和理想分级精度的差值为 Q，Q 越小证明误差越小，分级效果越好。

二、气流粉碎-精细分级工艺加工效果初探

表 8-10 所示为 TX 经气流粉碎-精细分级加工所得产品的检测结果。初步分析可知：分级二产品与旋风分离器产品灰分相对较低；除尘器产品粒度较小、灰分偏高，分析原因为黏土矿物易粉碎，在粉碎过程中易出现在细粒级的产品中；粉碎腔内残留的底渣的粒度较大、灰分偏高，分析原因为菱铁矿相对煤较难磨，易残留在底渣中；通过分级作用可以得到体现一定灰分梯度的分级产品。

表 8-10 TX 经气流粉碎-精细分级加工所得产品的检测结果

编号	样品名称	工艺参数				粒度 D_{97}/μm	灰分 /%
		粉碎压力 /MPa	一级分级机转速 /(r/min)	二级分级机转速 /(r/min)	二次风压 /MPa		
1	分级二产品	0.4	12 000	20 000	0	27.09	2.77
	旋风分离器产品					20.14	3.13
	布袋产品					18.81	4.88
	底渣					1782.50	3.61
2	分级二产品	0.4	16 000	20 000	0	24.13	2.49
	旋风分离器产品					14.38	2.83
	布袋产品					19.26	5.05
	底渣					1533.67	3.36
3	分级二产品	0.4	12 000	20 000	0.05	72.53	1.94
	旋风分离器产品					26.78	2.59
	布袋产品					14.25	4.83
	底渣					1527.65	3.32

表 8-10(续)

编号	样品名称	工艺参数				粒度 $D_{97}/\mu m$	灰分 /%
		粉碎压力 /MPa	一级分级机转速 /(r/min)	二级分级机转速 /(r/min)	二次风压 /MPa		
4	分级二产品	0.2	12 000	24 000	0.05	154.33	2.65
	旋风分离器产品					47.80	2.92
	布袋产品					13.14	5.10
	底渣					1 412.94	3.43
5	分级二产品	0.6	24 000	12 000	0	101.15	1.71
	旋风分离器产品					19.48	2.00
	布袋产品					10.77	5.03
	底渣					1 509.36	3.38

三、气流粉碎功能部件的优化设计

由气流粉碎-精细分级工艺所得分级产品的灰分梯度说明：通过精细分级工艺可以实现一定程度的“分选”效果。但在粉碎过程中，常规的流化床气流粉碎机底部为封闭结构，残留在粉碎腔底部的底渣不能及时排出(图 8-7)。这种情况降低了原料的利用率，并且降低了粉碎效率。

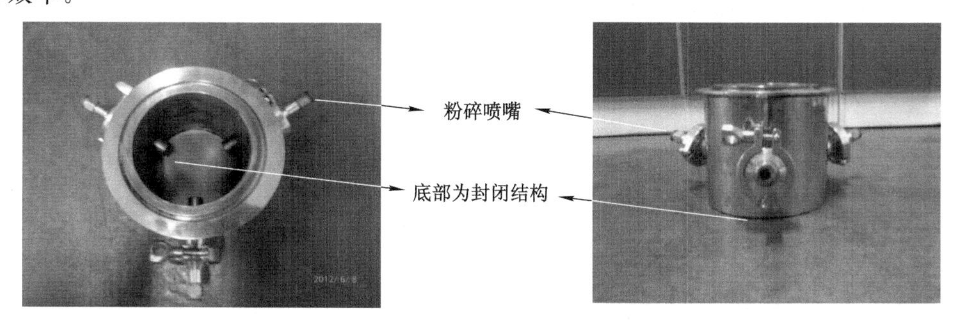

图 8-7　常规流化床气流粉碎机粉碎腔

为了解决常规粉碎腔底部积料多、难以被粉碎的物料不能及时排出的问题，西安科技大学相关研究者提出了一种自主研发的设计构型——“分选粉碎腔”，其实物图如图 8-8 所示。分选粉碎腔的工作原理为：易粉碎的物料经粉碎后从顶部的一级分级机排出，进入后续的精细分级单元；同时，通过设置大小可调的松动风进口，使积聚在粉碎腔底部难以被粉碎的物料向上松动，从而获得再次粉碎的机会，减少积料的滞留；难以粉碎的物料(即底渣)则定时从底部排出。分选粉碎腔的优化构型通过设置松动风进口，可充分提高原料的利用率，减少易粉碎物料在底渣中的污染与损失；通过设置底渣排出机制，减少粉碎腔内的物料负荷，由此可促进工艺系统的连续性，大大提高粉碎过程的效率。

四、气流粉碎(优化)-精细分级工艺过程特征

由前述初探试验结果分析，分级二产品和旋风分离器产品的灰分相对较低，有可能实现

图 8-8　分选粉碎腔实物图

超纯煤的制备，因此以二者的灰分为主要考察指标来探究不同工艺因素的影响效果。

（一）一级分级机转速的影响

一级分级机是控制物料产品粒度的第一关，物料在粉碎腔中高速碰撞粉碎后，通过调整一级分级机转速来控制后续分级产品粒度大小。一级分级机转速对产品灰分影响研究的工艺参数如表 8-11 所示。一级分级机转速与对应产品灰分关系如图 8-9 所示。

表 8-11　一级分级机转速对产品灰分影响研究的工艺参数

工艺参数	粉碎压力/MPa	二级分级机转速/(r/min)	二次风压/MPa
设定值	0.4	24 000	0.06

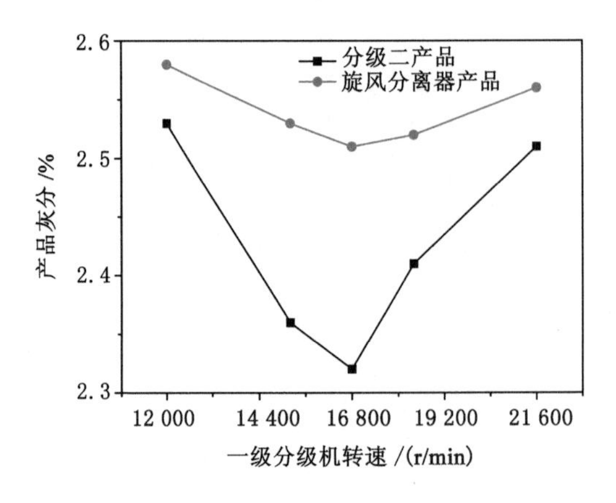

图 8-9　一级分级机转速与对应产品灰分关系

不同一级分级机转速作用下分级二产品灰分整体低于旋风分离器产品灰分。随着一级分级机转速增加,分级二产品与旋风分离器产品灰分均出现先减小后增大的现象,以分级二产品的灰分变化趋势更明显。分析原因为:一级分级机转速较低时,物料在粉碎腔中停留时间较短,分级产品因粉碎解离程度较低而表现为高灰分;随着一级分级机转速增加,物料在粉碎腔中停留时间增加,粉碎解离程度加大,通过分级作用而体现的分选效果增加,对应分级产品灰分降低;一级分级机转速进一步增加,粉碎腔内物料过粉碎的概率增大,无机矿物因过粉碎而趋于细化,易进入分级产品,由此造成相应分级二产品与旋风分离器产品灰分增大。旋风分离器产品相对分级二产品因粒度较细,更易受到易粉碎黏土矿物的细粒"污染",因此在研究范围内其灰分相对较高。

(二) 粉碎压力的影响

粉碎压力是矿物在粉碎腔体中粉碎的动力来源,粉碎压力越大,矿物在粉碎腔体中的运动速率越大,矿物之间的相互碰撞越剧烈。粉碎压力对产品灰分影响研究的工艺参数如表 8-12 所示。粉碎压力与对应产品灰分的关系如图 8-10 所示。

表 8-12　粉碎压力对产品灰分影响研究的工艺参数

工艺参数	一级分级机转速/(r/min)	二级分级机转速/(r/min)	二次风压/MPa
设定值	16 800	24 000	0.06

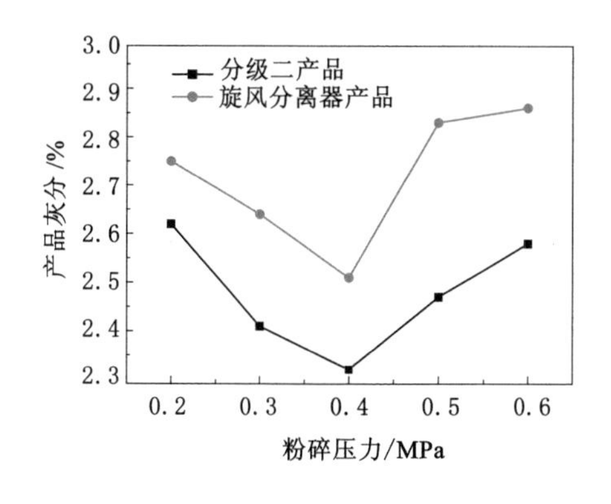

图 8-10　粉碎压力与对应产品灰分的关系

不同粉碎压力作用下分级二产品灰分整体低于旋风分离器产品灰分。随着粉碎压力的增加,分级二产品与旋风分离器产品的灰分都表现出先降低后增加的变化规律。分析原因为:粉碎压力较小时,物料相互碰撞的速率及概率较小,矿物质难以被进一步粉碎,尤其是黏土矿物,嵌布于有机组分未能有效解离,由此造成分级二产品与旋风分离器产品灰分偏高;随着粉碎压力的增加,物料粉碎强度增加,相应无机矿物的解离程度增大,黏土矿物易粉碎,将更多地集中于细粒级的除尘器产品中,菱铁矿相对煤较难粉碎,易残留在排料底渣中,由此对应分级二产品与旋风分离器产品灰分的降低;随着粉碎压力的进一步增大,相对较难粉碎的无机矿物粒度趋于细化,易进入分级产品,由此造成分级二产品与旋风分离器产品灰分的增大。

（三）二级分级机转速的影响

二级分级机与一级分级机分级原理相同，是在分级一产品的基础上进一步控制物料粒度以获得多级产品，其运行状态是影响分级机产品粒度和旋风分离器产品粒度最直接的工艺因素。二级分级机转速对产品灰分影响研究的工艺参数如表 8-13 所示。二级分级机转速与产品灰分的关系如图 8-11 所示。

表 8-13　二级分级机转速对产品灰分影响研究的工艺参数

工艺参数	粉碎压力/MPa	一级分级机转速/(r/min)	二次风压/MPa
设定值	0.4	16 800	0.06

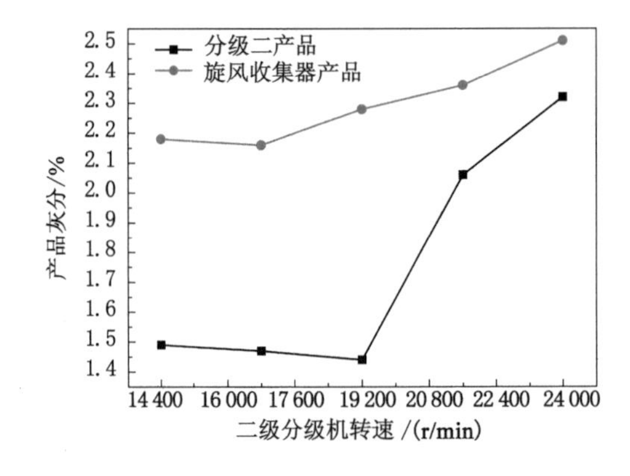

图 8-11　二级分级机转速与产品灰分的关系

不同二级分级机转速作用下分级二产品灰分整体低于旋风分离器产品灰分。除了在二级分级机转速较低时分级二产品灰分略有递减趋势外，随着二级分级机转速增加，分级二产品和旋风分离器产品灰分均整体上表现出递增的现象。分析原因为：随着二级分级机转速的提高，能有效通过二级分级机的物料粒度越来越细、流通颗粒越来越少，由此造成分级二产品被细粒黏土矿“污染”的程度增大，平均粒径减小，灰分值递增；旋风分离器产品在二级分级机转速增大的过程中主要以细化的易粉碎或过粉碎物料为主，相对黏土矿过粉碎程度较低的煤粉被逐渐截流，易粉碎的黏土矿含量逐渐增多，表现为灰分持续走高。

（四）二次风压的影响

二次风是由二级分级机底端切向给入的具有一定压力的气体。二次风压对产品灰分影响研究的工艺参数如表 8-14 所示。二次风压与产品灰分的关系如图 8-12 所示。

表 8-14　二次风压对产品灰分影响研究的工艺参数

工艺参数	粉碎压力/MPa	一级分级机转速/(r/min)	二级分级机转速/(r/min)
设定值	0.4	16 800	24 000

随着二次风压的增加，分级二产品和旋风分离器产品灰分均表现出先减小后增大的变化趋势。分析原因为：二次风压较小时，可实现对分级二产品中细粒黏附的物料进行“清洗”，在减少分级二产品细粒黏土矿污染的同时，也将部分过粉碎的细粒煤粉带入旋风分离

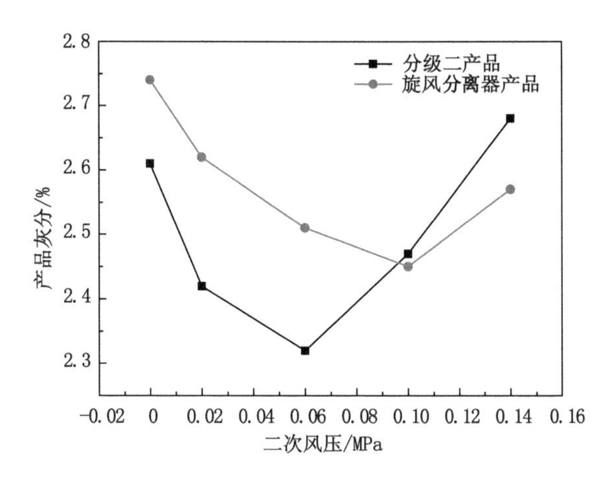

图 8-12　二次风压与产品灰分的关系

器中，促进细粒煤在旋风分离器产品中的富集，因此分级二产品和旋风分离器产品整体表现为灰分降低。随着二次风压的进一步增大，分级二产品的分散性提高，部分低密度的煤粒随二次风通过二级分级机进入旋风分离器的概率增加，这会导致旋风分离器产品灰分继续降低，而含有一定无机矿物的高密度物料逐渐在分级二产品中富集，导致分级二产品灰分开始增加，由此对应出现如图 8-12 所示在二次风压为 0.10 MPa 时的灰分"倒挂"现象，即旋风分离器产品灰分小于分级二产品灰分。当二次风压增大到一定程度后，旋风分离器产品中也逐渐开始富集含有一定无机矿物的物料，因而开始出现灰分增加的趋势。

（五）工艺参量的正交试验设计

从单因素的考察过程可知，分级二产品的灰分相对较低，控制合理的工艺因素水平，可以实现灰分低于 1.5%的超纯煤的制备。为进一步探究一级分级机转速、粉碎压力、二级分级机转速、二次风压各因素在实现超纯煤制备过程中的最优水平组合，以单因素试验结果为基本依据，选取正交试验因素水平如表 8-15 所示。

表 8-15　正交试验因素水平

水平	因素			
	一级分级机转速(A)/(r/min)	粉碎压力(B)/MPa	二级分级机转速(C)/(r/min)	二次风压(D)/MPa
水平 1	15 200	0.3	16 800	0.02
水平 2	16 800	0.4	19 200	0.06
水平 3	18 400	0.5	21 600	0.10

选择 $L_9(3^4)$正交表，对应试验结果列于表 8-16。比较各 R 值大小，可见 $R_B>R_D>R_C>R_A$，所以因素对试验指标影响的主次顺序是：粉碎压力>二次风压>二级分级机转速>一级分级机转速。同时，可得最优工艺参数分别为：粉碎压力 0.5 MPa，二次风压 0.10 MPa，二级分级机转速 16 800 r/min，一级分级机转速 18 400 r/min。

表 8-16　正交试验结果分析表

试验号	因素				分级二产品灰分/%
	A	B	C	D	
试验 1	1	1	1	1	1.77
试验 2	1	2	2	2	1.41
试验 3	1	3	3	3	2.83
试验 4	2	1	2	3	1.53
试验 5	2	2	3	1	2.14
试验 6	2	3	1	2	2.51
试验 7	3	1	3	2	1.60
试验 8	3	2	1	3	2.76
试验 9	3	3	2	1	2.64
K_1	6.01	4.90	7.04	6.55	
K_2	6.18	6.31	5.58	5.52	
K_3	7.00	7.98	6.57	7.12	
$K_1/3$	2.003	1.633	2.347	2.183	
$K_2/3$	2.060	2.103	1.860	1.840	
$K_3/3$	2.333	2.660	2.190	2.373	
极差 R	0.330	1.027	0.487	0.533	
主次顺序	B>D>C>A				
优水平	A_3	B_3	C_1	D_3	
优组合	$A_3B_3C_1D_3$				

（六）最佳工艺方案验证

由正交试验的分析得出，$A_3B_3C_1D_3$ 可能是最佳工艺方案，因为这个条件不在 9 次试验当中，所以补做试验 $A_3B_3C_1D_3$，并与 9 次试验中最好的试验 2（$A_1B_2C_2D_2$）进行比较，结果如表 8-17 所示。

表 8-17　$A_3B_3C_1D_3$ 与 $A_1B_2C_2D_2$ 试验结果对比

工艺方案	产品名称	产率/%	灰分/%	与前一段分级产品的灰分梯度/%
$A_3B_3C_1D_3$	底渣	23.23	3.96	—
	分级二产品	16.54	1.40	−2.56
	旋风分离器产品	44.17	2.20	0.80
	布袋产品	16.06	5.08	2.88
$A_1B_2C_2D_2$	底渣	25.62	3.82	—
	分级二产品	14.13	1.41	−2.41
	旋风分离器产品	42.45	2.18	0.77
	布袋产品	17.80	4.70	2.52

验证试验结果表明，$A_3B_3C_1D_3$工艺条件下对应的分级二产品灰分更低(可达1.40%)，优于$A_1B_2C_2D_2$工艺条件下所得的超纯煤产品灰分，说明正交试验优选出的工艺条件是较好的。进一步分析可知，采用$A_3B_3C_1D_3$工艺条件对应超纯煤产品的产率较高，可达16.54%，比采用$A_1B_2C_2D_2$工艺条件高出2.41个百分点；且相对于通过$A_1B_2C_2D_2$工艺条件所得的各级分级产品，$A_3B_3C_1D_3$工艺条件下所得分级产品各自与前一段分级产品灰分梯度的绝对值较大，即表征的灰分梯度更明显，同时也反映了各分级产品相互“污染”的程度较少。

进一步对正交试验中较优参数的两组产品进行扫描电镜和激光粒度分析。结果分别如图8-13、图8-14所示。分析可知，两组工艺参数条件下相应分级产品的粒度分布情况接近，依次为底渣(170～500 μm)、分级二产品(25～150 μm)、旋风分离器产品(13～110 μm)、布袋产品(10～58 μm)，各分级产品均无团聚现象。结合各分级产品的分级精度表(表8-18)

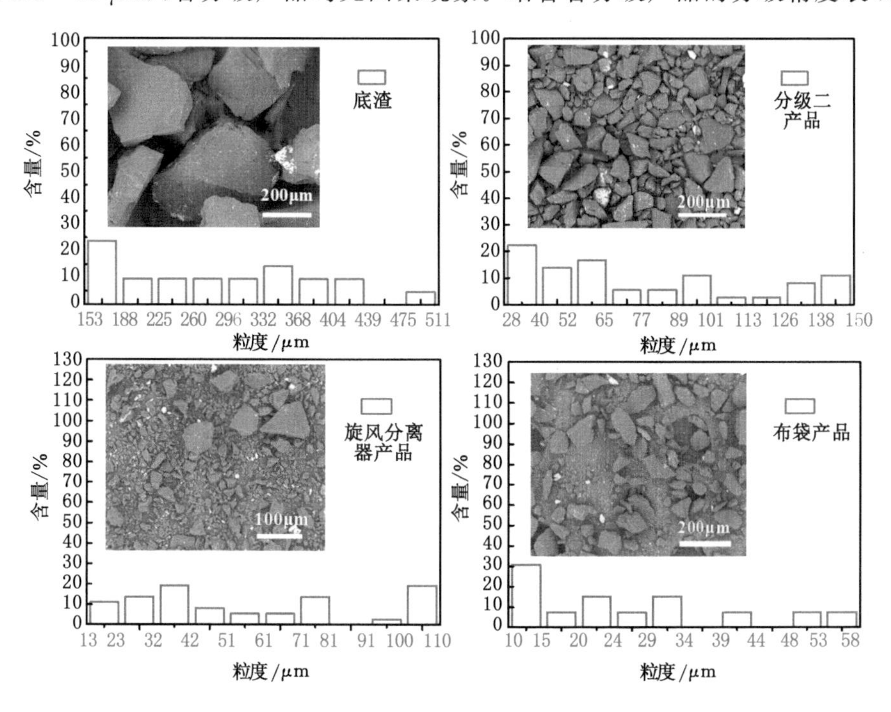

图8-13　$A_1B_2C_2D_2$工艺条件所得产品的SEM图与对应粒度

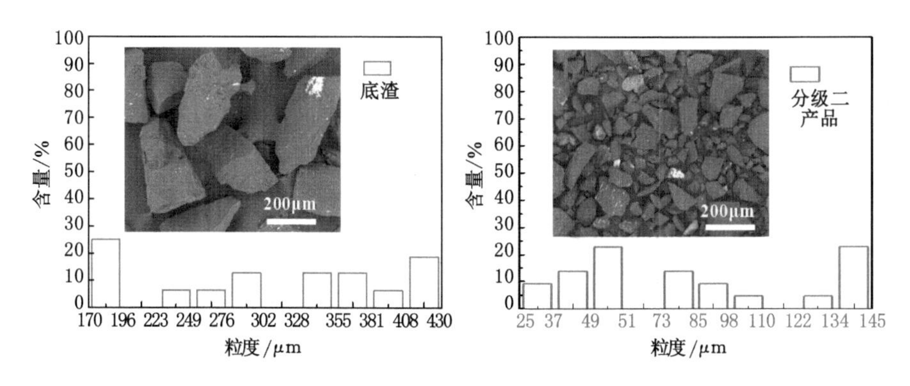

图8-14　$A_3B_3C_1D_3$工艺条件所得产品的SEM图与对应粒度

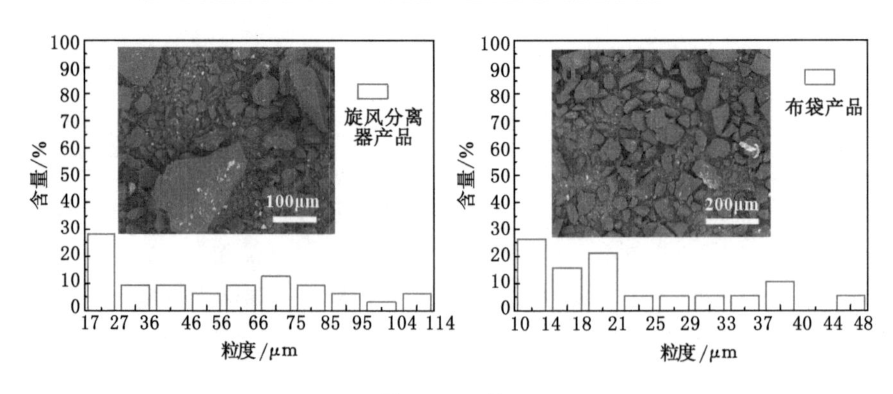

图 8-14 (续)

可以看出,底渣、分级二产品、布袋产品的分级精度相近,均在 0.4~0.46 范围内,旋风分离器产品的分级精度较低,介于 0.26~0.29 范围内。总体上来看 $A_3B_3C_1D_3$ 工艺条件对应的分级产品分级效率相对较高,其中分级二产品对应分级精度可达 0.46。

表 8-18 $A_3B_3C_1D_3$ 和 $A_1B_2C_2D_2$ 产品粒度与分级精度结果比较

工艺条件	产品	d_{25}/μm	d_{75}/μm	K	Q
$A_1B_2C_2D_2$	底渣	169.3	402.4	0.42	0.58
	分级二产品	42.96	105.6	0.41	0.59
	旋风分离器产品	24.56	83.3	0.29	0.71
	布袋产品	12.21	30.52	0.40	0.60
$A_3B_3C_1D_3$	底渣	178	407	0.44	0.57
	分级二产品	52.9	114.7	0.46	0.54
	旋风分离器产品	19.6	75.3	0.26	0.74
	布袋产品	13.31	30.25	0.44	0.56

五、超纯煤制备过程气流冲击粉碎过程解离模型预测

综合前述试验及分析结果,推测 TX 煤样在冲击粉碎过程中的解离模型如图 8-15 所示。TX 煤样是一种具有空隙结构的类似于沉积岩的非金属材料。成煤作用过程中由于矿物杂质的渗入使得原有的空隙被矿物杂质所填充,而煤粒空隙界面性质的差异使得煤与矿物质表面的结合力较弱。初期的粉碎与沉积岩相类似,在界面结合力较弱的地方发生断裂,使煤粒解离。由此在初期的粉碎过程中矿物杂质对煤粒的解离起到了促进作用,也即这一过程将有利于煤中大块无机矿物质的解离。随着粉碎过程的继续进行,煤及矿物质的粉碎进入新的阶段,即差异化粉碎状态。煤和矿物质在冲击式粉碎设备的冲击和剪切作用下,颗粒粒度减小。由于煤和矿物质杨氏模量的差异,铁系矿物难以被粉碎成更小粒径而滞留于粉碎体系的底渣中。随着物料粒度的减小,冲击作用的能量通过颗粒的弹性形变释放出来,减弱了粉碎效果,物料进入表面粉碎阶段,此时煤粒发生粉碎的原因多来自剪切磨削作用。煤中嵌布的细颗粒矿物开始发生解离(或部分解离),形成新的表面。黏土矿物由于其自身结构疏松,在粉碎过程中粒度减小更快。

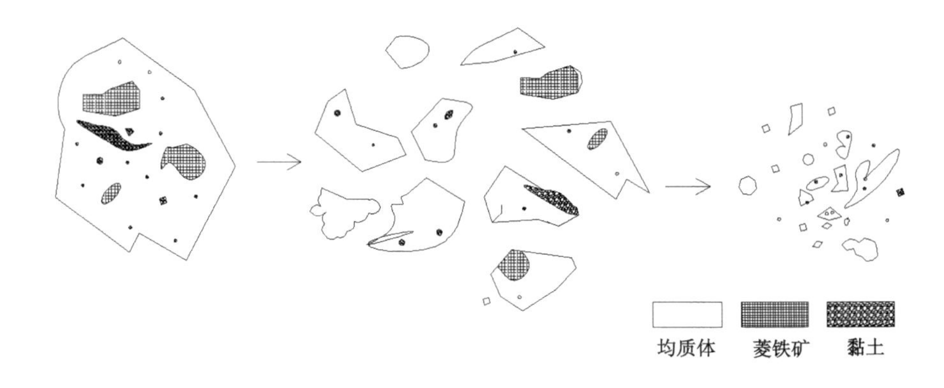

图 8-15　超纯煤制备过程气流冲击粉碎过程解离模型预测

第四节　基于超细粉碎-精细分级的提质/高质化技术

一、基于气流粉碎-精细分级的提质/高质化技术拓展性结论

(一) 低品质煤提质

以山西焦煤集团西曲选煤厂的末中煤为研究对象，探究稀缺炼焦中煤干法提质技术的可行性，证明通过气流粉碎-精细分级设计工艺可以达到一定的提质效果。

(1) 气流粉碎-精细分级得到的 4 种分级产品灰分逐级递减；最大灰分梯度产生于分级一产品与布袋产品之间；主要产品为分级一产品和旋风分离器产品。

(2) 各分级产品的粒度、所含矿物质以及黄铁矿的含量逐级减少，通过精细分级可以达到一定的分选效果。分级精度越高，分选效果越好。

(3) 旋风分离器产品可作为较高产率的提质产品产出。二级分级机转速、粉碎压力对旋风分离器产品灰分影响显著，且二级分级机转速的影响更大；各工艺参数对旋风分离器产品产率的影响均不显著。

(4) 通过气流粉碎-精细分级工艺系统，可得到灰分、硫分、颗粒粒度、分选精度等指标梯级变化的分级产品，最终实现提质甚至是分质的效果。

本研究为低品质煤干法提质以及分级分质利用技术的发展提供了新的技术借鉴，对延伸煤炭行业的产业链，节约和保护稀缺煤炭资源，实现能化结合、集成联产的发展模式具有重要意义。

(二) 高品质煤高质化

本研究以太西无烟煤为原料，成功拓展了基于气流粉碎-精细分级技术的超纯煤制备工艺，开拓了超细粉体技术在超纯煤高质化制备方面的应用。

(1) 超低灰太西无烟煤中矿物主要为菱铁矿、黏土矿物。以其为原料，通过气流粉碎-精细分级工艺，在最优工艺条件下(粉碎压力 0.5 MPa，一级分级机转速 18 400 r/min，二级分级机转速 16 800 r/min，二次风压 0.10 MPa)，可实现灰分 1.40%超纯煤的制备。

(2) 超低灰太西无烟煤在冲击粉碎过程中经历选择性粉碎、差异化粉碎、表面粉碎三个阶段。

目前,世界各主要煤炭生产国和消费国都在积极研究煤的深度脱灰超纯制备技术,以此作为煤的洁净燃烧和综合利用的突破口。基于特殊的解离需求,超纯煤制备的前提条件大多是对煤进行超细粉碎。虽然现代工业对粉碎和超细粉碎产品的数量和质量方面的要求在不断扩大,但粉碎和超细粉碎的理论和试验研究还远远不能满足这种要求。同其他领域相比,这种研究还是相当落后的,尤其是能满足超纯煤制备的粉碎解离理论和试验研究,目前还处于起步阶段。如何使该技术进一步深化拓展,甚至应用于工业生产中去,开拓超细超纯煤工业化生产新领域,仍需要在许多工程化技术和理论方面实现突破。气流粉碎过程中矿物选择性解离和高效分选的耦合和强化方法,仍是在研发过程中需要解决的关键问题。

二、低品质煤提质和高品质煤高质化的过程描述

基于前述分析,基于气流粉碎-精细分级工艺的技术拓展,在以炼焦中煤为代表的低品质煤提质以及以太西无烟煤为代表的高品质煤高质化加工方面都实现了较成功的应用。以太西无烟煤为例,其对应的提质(高质化)过程描述如图 8-16 所示。

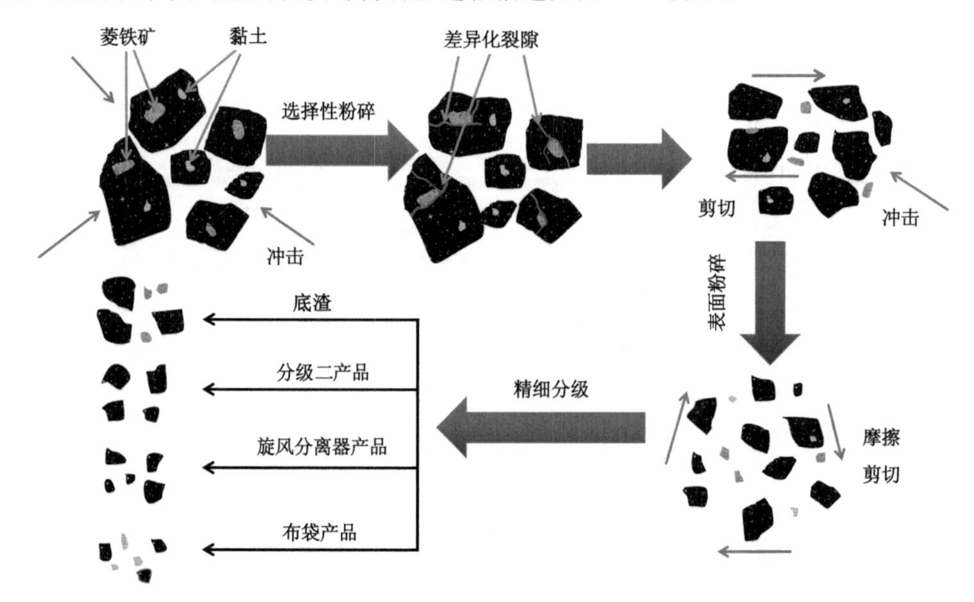

图 8-16　气流粉碎-精细分级工艺制备超纯煤过程描述示意图

在气流粉碎冲击作用下实现煤与矿物质的有效解离,基于煤与矿物的微观硬度、密度的不同,不同组分趋向富集于不同粒度区间。这是实现提质(高质化)作用的初始条件。

通过进一步的精细分级作用可得到不同分级产品,这个过程中分级精度对提质效果起到决定性作用,分级产品本质上对应的是具备不同富集水平的不同组分。这是实现提质作用的过程条件。

由此通过气流粉碎-精细分级工艺系统,可得到灰分、硫分、颗粒粒度、分选精度等指标梯级变化的分级产品,最终实现提质(高质化)甚至是分质的效果。

主要参考文献

[1] BP 世界能源统计年鉴(2022 版)[R]. 2022.

[2] 黄文辉,唐书恒,唐修义,等. 西北地区侏罗纪煤的煤岩学特征[J]. 煤田地质与勘探,2010,38(4):1-6.

[3] 张双全. 煤化学[M]. 6 版. 徐州:中国矿业大学出版社,2022.

[4] 中国煤田地质总局. 中国煤岩学图鉴[M]. 徐州:中国矿业大学出版社,1996.

[5] 张慧,李小彦,郝琦,等. 中国煤的扫描电子显微镜研究[M]. 北京:地质出版社,2003.

[6] 张亚云. 应用煤岩学基础[M]. 北京:冶金工业出版社,1990.

[7] 韩德馨. 中国煤岩学[M]. 徐州:中国矿业大学出版社,1996.

[8] WALKER R,MASTALERZ M. Functional group and individual maceral chemistry of high volatile bituminous coals from southern Indiana: controls on coking [J]. International Journal of Coal Geology,2004,58(3):181-191.

[9] 王钰,茹立军. 煤化工生产技术[M]. 重庆:重庆大学出版社,2017.

[10] 尉迟唯,李保庆,李文,等. 煤的岩相显微组分对水煤浆性质的影响[J]. 燃料化学学报,2003,31(5)415-419.

[11] 丁华. 煤及其显微组分热解气化反应特性研究[D]. 北京:煤炭科学研究总院,2006.

[12] 倪春华,江兴歌. 显微组分生烃研究进展[J]. 石油天然气学报,2009,31(5):216-218.

[13] 周安宁,张怀青,李振,等. 低阶烟煤煤岩显微组分分选及其分质利用研究进展[J]. 洁净煤技术,2022,28(7):1-22.

[14] SUN Q L,LI W,CHEN H K,et al. The CO_2-gasification and kinetics of Shenmu maceral chars with and without catalyst[J]. Fuel,2004,83(13):1787-1793.

[15] 张军,袁建伟,马毓义. 显微组分对粉煤燃烧的影响[J]. 燃料化学学报,1995,23(4):441-446.

[16] 路继根,邱建荣,沙兴中,等. 用热重法研究我国四种煤显微组分的燃烧特性[J]. 燃料化学学报,1996,24(4):329-334.

[17] CZECHOWSKI F , KIDAWA H. Reactivity and susceptibility to porosity development of coal maceral chars on steam and carbon dioxide gasification[J]. Fuel Processing Technology,1991,29(1/2):57-73.

[18] 陈洪博,郭治. 神东煤不同显微组分加氢液化性能及转化规律[J]. 煤炭转化,2006,29(4):9-12.

[19] 夏筱红,秦勇,凌开成,等. 煤中显微组分液化反应性研究进展[J]. 煤炭转化,2007,30(1):73-77.

[20] 闫兰英,赵伟,周安宁. 煤岩显微组分的浮选分离及其对活性炭性能影响[J]. 煤炭科学技术,2016,44(S2):197-201.

[21] 邢宝林,郭晖,谌伦建,等. 煤岩显微组分对活性炭孔结构及电化学性能的影响[J]. 煤

炭学报,2014,39(11):2328-2334.
[22] 解维伟.煤化学与煤质分析[M].北京:冶金工业出版社,2012.
[23] 何选明.煤化学[M].2版.北京:冶金工业出版社,2010.
[24] 中国科学院石油研究所中国科学院研究室.煤化学及煤岩学新进展[M].北京:科学出版社,1961.
[25] 格列契什尼科夫 H Π.煤岩学[M].北京地质学院煤田教研室,译.北京:地质出版社,1959.
[26] 赵伟,杨志远,李振,等.电化学处理对神木煤显微组分表面结构及可浮性的影响研究[J].燃料化学学报,2017,45(4):400-407.
[27] 赵伟,张晓欠,周安宁,等.神府煤煤岩显微组分的浮选分离及富集物的低温热解产物特性研究[J].燃料化学学报,2014,42(5):527-533.
[28] 张磊.开滦煤显微组分分离及其富集物的特性研究[D].北京:中国矿业大学(北京),2015.
[29] 沃尔科夫.煤岩学的实验室研究[M].宋之琛,译.北京:地质出版社,1955.
[30] 李媛.有机煤岩显微组分分布赋存及解离规律研究[J].洁净煤技术,2015,21(3):21-24.
[31] ZHAO X Y,ZONG Z M,CAO J P,et al. Difference in chemical composition of carbon disulfide-extractable fraction between vitrinite and inertinite from Shenfu-Dongsheng and Pingshuo coals[J]. Fuel,2008,87(4/5):565-575.
[32] JIN L,HAN K,WANG J,et al. Direct liquefaction behaviors of bulianta coal and its macerals[J]. Fuel Processing Technology,2014,128:232-237.
[33] XIE W,STANGER R,LUCAS J,et al. Thermo-swelling properties of particle size cuts of coal maceral concentrates[J]. Energy & Fuels,2015,29(8):4893-4901.
[34] TRAN Q A,STANGER R,XIE W,et al. Maceral separation from coal by the Reflux Classifier[J]. Fuel Processing Technology,2016,143:43-50.
[35] OFORI P, FIRTH B, O' BRIEN G, et al. Assessing the hydrophobicity of petrographically heterogeneous coal surfaces[J]. Energy & Fuels,2010,24(11):5965-5971.
[36] JORJANI E,ESMAEILI S,KHORAMI M T. The effect of particle size on coal maceral group's separation using flotation[J]. Fuel,2013,114(1):10-15.
[37] MEN D P,ZHANG L,LIU W L. Liberation characteristics and separation of macerals for lower rank bituminous coal[J]. Journal of China Coal Society,2015,40(S2):479-485.
[38] DYRKACZ G R,HORWITZ E P. Separation of coal macerals[J]. Fuel,1982,61(1):3-12.
[39] 卢建军,谢克昌.煤的超细气流粉碎和分级对组成和结构的影响[J].中国粉体技术,2003,9(6):8-11.
[40] 王辉,张国华.煤岩显微组分离心分离实验的影响因素分析[J].煤质技术,2008(6):23-25.

[41] 乔 H,鲁基 P T,王合祥.对煤有机组分解离特性的评价[J].现代矿业,1999(11):12-16.
[42] 王美丽,舒新前,朱书全.煤岩组分解离与分选的研究[J].选煤技术,2004(4):33-36.
[43] Man C K,Jacobs J,Gibbins J R. Selective maceral enrichment during grinding and effect of particle size on coal devolatilisation yields[J]. Fuel Processing Technology,1998,56(3):215-227.
[44] 门东坡,张磊,刘文礼.低阶烟煤煤岩组分解离特性及其分选[J].煤炭学报,2015,40(S2):479-485.
[45] 吴一善.粉碎学概论[M].武汉:武汉工业大学出版社,1993.
[46] 任德树.粉碎筛分原理与设备[M].北京:冶金工业出版社,1984.
[47] 鲍克伟.双向旋转球磨机的粉碎机理及应用研究[D].南京:南京理工大学,2013.
[48] 郑水林.超微粉体加工技术与应用[M].北京:化学工业出版社,2005.
[49] ONNO V D,VROMANS H,TOONDER J D,et al. Influence of flaws and crystal properties on particle fracture in a jet mill[J]. Powder Technology,2009,191(1/2):72-77.
[50] SADRAI S,MEECH J A,GHOMSHEI M,et al. Influence of impact velocity on fragmentation and the energy efficiency of comminution[J]. International Journal of Impact Engineering,2006,33(1/2/3/4/5/6/7/8/9/10/11/12):723-734.
[51] 张宁宁,庞甜,韩瑞,等.微波强化矿物(煤)解离研究综述[J].西安科技大学学报,2022,42(4):689-700.
[52] WANG X H,CHEN H P,LUO K,et al. The influence of microwave drying on biomass pyrolysis[J]. Energy & Fuels,2008,22(1):67-74.
[53] TAHMASEBI A,YU J L,HAN Y N,et al. Study of chemical structure changes of Chinese lignite upon drying in superheated steam,microwave,and hot air[J]. Energy & Fuels,2012,26(6):3651-3660.
[54] LI H,LIN B Q,CHEN Z W,et al. Evolution of coal petrophysical properties under microwave irradiation stimulation for different water saturation conditions[J]. Energy & Fuels,2017,31(9):8852-8864.
[55] JONES D A,KINGMAN S W,WHITTLES D N,et al. The influence of microwave energy delivery method on strength reduction in ore samples [J]. Chemical Engineering and Processing,2007,46(4):291-299.
[56] YAGMUR E, TOGRUL T. Part 1. the effect of microwave receptors on the liquefaction of Turkish coals by microwave energy in a hydrogen donor solvent[J]. Energy & Fuels,2005,19(6):2480-2487.
[57] WANG N, YU J L, TAHMASEBI A, et al. Experimental study on microwave pyrolysis of an Indonesian low-rank coal[J]. Energy & Fuels,2014,28(1):254-263.
[58] ZHOU J,CHEN Y F,WU L,et al. Effects of molybdenum disulfide on microwave pyrolysis of low-rank coal[J]. Energy & Fuels,2017,31(7):6895-6902.
[59] CHENG J,ZHOU J H,LI Y C,et al. Improvement of coal water slurry property

through coal physicochemical modifications by microwave irradiation and thermal heat[J]. Energy & Fuels,2008,22(4):2422-2428.
[60] ZHANG B, MA Z J, ZHU G Q, et al. Clean coal desulfurization pretreatment: microwave magnetic separation,response surface,and pyrite magnetic strengthen[J]. Energy & Fuels,2018,32(2):1498-1505.
[61] WANG Z H,LIU Y Z,HE Y,et al. Effects of microwave irradiation on combustion and sodium release characteristics of Zhundong lignite[J]. Energy & Fuels,2016,30(11):8977-8984.
[62] AMANKWAH R K,KHAN A U,PICKLES C A,et al. Improved grindability and gold liberation by microwave pretreatment of a free-milling gold ore[J]. Mineral Processing and Extractive Metallurgy,2005,114(1):30-36.
[63] 叶菁,彭凡. 微波热力辅助粉碎研究[J]. 材料科学与工程学报,2004,22(3):358-360.
[64] LESTER E,KINGMAN S. The effect of microwave pre-heating on five different coals [J]. Fuel,2004,83(14/15):1941-1947.
[65] LESTER E, KINGMAN S, DODDS C. Increased coal grindability as a result of microwave pretreatment at economic energy inputs[J]. Fuel,2005,84(4):423-427.
[66] 赵伟. 神府煤煤岩组分的改性及其可浮性研究[D]. 西安:西安科技大学,2010.
[67] WHITTLES D N, KINGMAN S W, REDDISH D J. Application of numerical modelling for prediction of the influence of power density on microwave-assisted breakage[J]. International Journal of Mineral Processing,2003,68(1/2/3/4):71-91.
[68] 赵伟,周安宁,李远刚. 微波辅助磨矿对煤岩组分解离的影响[J]. 煤炭学报,2011,36(1):140-144.
[69] 付润泽. 微波辅助磨细惠民铁矿实验研究[D]. 昆明:昆明理工大学,2010.
[70] SCOTT G,BRADSHAW S M,EKSTEEN J J. The effect of microwave pretreatment on the liberation of a copper carbonatite ore after milling[J]. International Journal of Mineral Processing,2008,85(4):121-128.
[71] SAHOO B K,DE S,MEIKAP B C. Improvement of grinding characteristics of Indian coal by microwave pre-treatment[J]. Fuel Processing Technology, 2011, 92(10): 1920-1928.
[72] SAMANLI S. A comparison of the results obtained from grinding in a stirred media mill lignite coal samples treated with microwave and untreated samples[J]. Fuel, 2011,90(2):659-664.
[73] AMANKWAH R K, OFORI-SARPONG G. Microwave heating of gold ores for enhanced grindability and cyanide amenability[J]. Minerals Engineering,2011,24(6): 541-544.
[74] BINNER E,LESTER E,KINGMAN S,et al. A review of microwave coal processing [J]. Journal of Microwave Power and Electromagnetic Energy,2014,48(1):35-60.
[75] LI Y,FENG Y,ZHOU Q C,et al. Effects of microwave irradiation on the structure of zinc oxide sorbents for high temperature coal gas desulfurization[J]. Energy &

Fuels,2017,31(8):8512-8520.
[76] WANG Y,DJORDJEVIC N. Thermal stress FEM analysis of rock with microwave energy[J]. International Journal of Mineral Processing,2014,130:74-81.
[77] PENG Z W,HWANG J Y,KIM B G,et al. Microwave absorption capability of high volatile bituminous coal during pyrolysis[J]. Energy & Fuels, 2012, 26(8): 5146-5151.
[78] TANG L F, CHEN S J, WANG S W, et al. Exploration of the combined action mechanism of desulfurization and ash removal in the process of coal desulfurization by microwave with peroxyacetic acid[J]. Energy & Fuels,2017,31(12):13248-13258.
[79] ZHANG B,ZHAO Y M,ZHOU C Y,et al. Fine coal desulfurization by magnetic separation and the behavior of sulfur component response in microwave energy pretreatment[J]. Energy & Fuels,2015,29(2):1243-1248.
[80] 肖骁,张国旺.微细粒矿物的选择性解离强化分选技术[J].中国矿业,2010,19(12):62-64.
[81] 石燕峰,卢连永,薛守军,等.干法选煤技术的发展应用[J].选煤技术,2006(5):39-42.
[82] 左伟,骆振福,吴万昌,等.高硫煤的干法分选技术[J].煤炭加工与综合利用,2009(6):17-21.
[83] KALB G W. Dry beneficiation technologies in North America[C]//The First International Symposium on Dry Coal Preparation and Clean Coal Technology,July 9,2002,China University of Mining and Technology. Xuzhou: 24-28.
[84] DAVYDOV M V. On development and practical application of pneumatic coal preparation in Russia[C]//The First International Symposium on Dry Coal Preparation and Clean Coal Technology,July 9,2002,China University of Mining and Technology. Xuzhou:13-23.
[85] WEISTEIN R,SNOBY R. Advances in dry jigging improves coal quality[J]. Mining Engineering,2007,59(26):29-34.
[86] DWARI R K,RAO K H. Dry beneficiation of coal:a review[J]. Mineral Processing and Extractive Metallurgy Review,2007,28(3):177-234.
[87] 付国雷,蔡艺华.复合式干法选煤技术的开发和应用[J].黑龙江科技信息,2009(3):33.
[88] 章新喜,段超红,梁春成.低灰洁净煤的电选制备[J].中国矿业大学学报,2001,30(6):570-572.
[89] 王海锋.摩擦电选过程动力学及微粉煤强化分选研究[D].徐州:中国矿业大学,2010.
[90] CHEN Q R,WEI L B. Development of coal dry beneficiation with air-dense medium fluidized bed in China[J]. China Particuology,2005,3(1/2):42.
[91] 雷灵琰,邢善华,苏丁.空气重介流化床干法选煤的发展及现状[J].选煤技术,2000(6):53-54.
[92] HE J F,ZHAO Y M,LUO ZHENFU,et al. Numerical simulation and experimental verification of bubble size distribution in an air dense medium fluidized bed[J].

International Journal of Mining Science and Technology,2013,23(3):387-393.
[93] 郑水林.超细粉碎工艺设计与设备手册[M].北京:中国建材工业出版社,2002.
[94] 郑水林,余绍火,吴宏富.超细粉碎工程[M].北京:中国建材工业出版社,2006.
[95] 郑水林.超细粉碎原理、工艺设备及应用[M].北京:中国建材工业出版社,1993.
[96] 阮久行,马少健,覃祥敏.干法分级理论与分级设备研究现状[J].有色矿冶,2006,22(S1):132-135.
[97] 张宇,刘家祥,杨儒.涡流空气分级机的回顾与展望[J].中国粉体技术,2003,9(5):37-42
[98] 张国旺.超细粉碎设备及其应用[M].北京,冶金工业出版社,2005.
[99] MARIANO R A,EVANS C L,MANLAPIG E. Definition of random and non-random breakage in mineral liberation:a review[J]. Minerals Engineering,2016,94:51-60.
[100] LEIßNER T,MÜTZE T,BACHMANN K,et al. Evaluation of mineral processing by assessment of liberation and upgrading[J]. Minerals Engineering,2013,53:171-173.
[101] LEIßNER T,HOANG D H. RUDOLPH M,et al. A mineral liberation study of grain boundary fracture based on measurements of the surface exposure after milling[J]. International Journal of Mineral Processing,2016,156:3-13.
[102] FARROKHPAY S,FORNASIERO D. Flotation of coarse composite particles:effect of mineral liberation and phase distribution[J]. Advanced Powder Technology,2017,28(8):1849-1854.
[103] MUSA F,MORRISON R. A more sustainable approach to assessing comminution efficiency[J]. Minerals Engineering,2009,22(7/8):593-601.
[104] TROMANS D. Mineral comminution:energy efficiency considerations[J]. Minerals Engineering,2008,21(8):613-620.
[105] SANDMANN D,GUTZMER J. Use of mineral liberation analysis (MLA) in the characterization of lithium-bearing micas[J]. Journal of Minerals and Materials Characterization and Engineering,2013,1(6):285-292.
[106] PARTSINEVELOS P,STAMBOLIADIS E,MAKANTASIS K. Image based mineral liberation simulation incorporating experimental grinding models[J]. Canadian Metallurgical Quarterly,2012,51(4):383-389.
[107] 周乐光.工艺矿物学[M].2版.北京:冶金工业出版社,2002.
[108] WANG E,SHI F,MANLAPIG E. Mineral liberation by high voltage pulses and conventional comminution with same specific energy levels[J]. Minerals Engineering,2012,27/28:28-36.
[109] GARCIA D,LIN C L,MILLER J D. Quantitative analysis of grain boundary fracture in the breakage of single multiphase particles using X-ray microtomography procedures[J]. Minerals Engineering,2009,22(3):236-243.
[110] UEDA T,OKI T,KOYANAKA S. A general quantification method for addressing stereological bias in mineral liberation assessment in terms of volume fraction and size of mineral phase[J]. Minerals Engineering,2018,119:156-165.

[111] LASTRA R, PAKTUNC D. An estimation of the variability in automated quantitative mineralogy measurements through inter-laboratory testing[J]. Minerals Engineering,2016,95:138-145.

[112] LITTLE L, MAINZA A N, BECKER M, et al. Using mineralogical and particle shape analysis to investigate enhanced mineral liberation through phase boundary fracture[J]. Powder Technology,2016,301:794-804.

[113] DEVASAHAYAM S. Predicting the liberation of sulfide minerals using the breakage distribution function[J]. Mineral Processing and Extractive Metallurgy Review,2015,36(2):136-144.

[114] LEIßNER T, BACHMANN K, GUTZMER J, et al. MLA-based partition curves for magnetic separation[J]. Minerals Engineering,2016,94:94-103.

[115] BATCHELOR A R, JONES D A, PLINT S, et al. Increasing the grind size for effective liberation and flotation of a porphyry copper ore by microwave treatment [J]. Minerals Engineering,2016,94:61-75.

[116] GREB V G, GUHL A C, WEIGAND H, et al. Understanding phosphorus phases in sewage sludge ashes: a wet-process investigation coupled with automated mineralogy analysis[J]. Minerals Engineering,2016,99:30-39.

[117] GRÄBNER M, LESTER E. Proximate and ultimate analysis correction for kaolinite-rich Chinese coals using mineral liberation analysis[J]. Fuel,2016,186:190-198.

[118] ALBIJANIC B, BRADSHAW D J, NGUYEN A V. The relationships between the bubble-particle attachment time, collector dosage and the mineralogy of a copper sulfide ore[J]. Minerals Engineering,2012,36/37/38:309-313.

[119] KUKURUGYA F , RAHFELD A , MÖCKEL R , et al. Recovery of iron and lead from a secondary lead smelter matte by magnetic separation [J]. Minerals Engineering,2018,122:17-25.

[120] VIZCARRA T G, WIGHTMAN E M, JOHNSON N W, et al. The effect of breakage mechanism on the mineral liberation properties of sulphide ores [J]. Minerals Engineering,2010,23(5):374-382.

[121] 张其东,袁致涛,李小黎,等. 河南某含滑石硫化钼矿石工艺矿物学研究[J]. 金属矿山,2015(8):96-99.

[122] 赵开乐,王昌良,邓伟,等. 某锂辉石矿石工艺矿物学特征及选矿试验[J]. 矿物学报,2014,34(4):553-558.

[123] 成岚,李茂林,黄光耀. 某铅锌尾矿浓密机溢流的工艺矿物学分析[J]. 中国有色金属学报,2015,25(7):1953-1960.

[124] 申洪,沈忠英. 实用生物体视学技术[M]. 广州:中山大学出版社,1991.

[125] QUINTEROS J, WIGHTMAN E, JOHNSON N W, et al. Evaluation of the response of valuable and gangue minerals on a recovery, size and liberation basis for a low-grade silver ore[J]. Minerals Engineering,2015,74:150-155.

[126] SABAH E, ÖZDEMIR O, KOLTKA S. Effect of ball mill grinding parameters of

hydrated lime fine grinding on consumed energy[J]. Advanced Powder Technology, 2013,24(3):647-652.

[127] SVERAK T S,BAKER C G J,KOZDAS O . Efficiency of grinding stabilizers in cement clinker processing[J]. Minerals Engineering,2013,43/44:52-57.

[128] 付艳红,李振,周安宁,等. 煤中矿物及显微组分解离特性的 MLA 研究[J]. 中国矿业大学学报,2017,46(6):1357-1363.

[129] UEDA T, OKI T, KOYANAKA S. Stereological correction method based on sectional texture analysis for the liberation distribution of binary particle systems [J]. Advanced Powder Technology,2017,28(5):1391-1398.

[130] TUNGPALAN K,WIGHTMAN E,MANLAPIG E,et al. The influence of veins on mineral liberation as described by random masking simulation [J]. Minerals Engineering,2017,100:109-114.

[131] LITTLE L,MAINZA A N,BECKER M,et al. Fine grinding:how mill type affects particle shape characteristics and mineral liberation[J]. Minerals Engineering,2017, 111:148-157.

[132] PARIAN M, MWANGA A, LAMBERG P, et al. Ore texture breakage characterization and fragmentation into multiphase particles [J]. Powder Technology,2018,327:57-69.

[133] 王进. 低变质侏罗纪煤煤岩的选择性解离研究[D]. 西安:西安科技大学,2016.

[134] 李振,王进,付艳红,等. 气流粉碎过程的选择性特征及其数值模拟[J]. 中国矿业大学学报,2016,45(2):371-376.

[135] 石燕峰,卢连永,薛守军,等. 干法选煤技术的发展应用[J]. 选煤技术,2006(5): 39-42.

[136] 谢广元. 选矿学[M]. 3 版. 徐州:中国矿业大学出版社,2016.

[137] LI Z,FU Y H,YANG C,et al. A dry separation technique for improving the quality of coking coal middlings [J]. International Journal of Coal Preparation and Utilization,2020,40(3):175-185.

[138] DJORDJEVIC N. Improvement of energy efficiency of rock comminution through reduction of thermal losses[J]. Minerals Engineering,2010,23(15):1237-1244.

[139] 高明忠,谢晶,杨本高,等. 场微波作用下岩石体破裂特征及其机制探索[J]. 煤炭学报,2022,47(3):1122-1137.

[140] USLU T, ATALAYÜ, AROL A I. Effect of microwave heating on magnetic separation of pyrite[J]. Colloids and Surfaces A:Physicochemical and Engineering Aspects,2003,225(1/2/3):161-167.

[141] 夏浩,刘全润,马名杰,等. 微波技术在煤炭加工利用过程中的应用[J]. 煤炭转化, 2012,35(1):86-89.

[142] XIA W C,YANG J G,ZHU B. The improvement of grindability and floatability of oxidized coal by microwave pre-treatment[J]. Energy Sources, Part A: Recovery, Utilization,and Environmental Effects,2014,36(1):23-30.

[143] 朱向楠.微波预处理对炼焦中煤解离及浮选行为的影响研究[D].徐州:中国矿业大学,2014.

[144] 朱向楠,陶有俊,何亚群,等.微波预处理对炼焦中煤破碎解离特性的影响[J].煤炭学报,2015,40(8):1942-1948.

[145] LESTER E,KINGMAN S. The effect of microwave pre-heating on five different coals[J]. Fuel,2004,83(14/15):1941-1947.

[146] RUISÁNCHEZ E,ARENILLAS A,JUÁREZ-PÉREZ E J,et al. Pulses of microwave radiation to improve coke grindability[J]. Fuel,2012,102:65-71.

[147] 李振,付艳红,周安宁,等.高惰质组煤微波诱导裂纹特征的研究[J].煤炭学报,2017,42(S1):247-252.

[148] 张双全.煤化学实验[M].徐州:中国矿业大学出版社,2010.

[149] 中国煤炭工业协会.煤的显微组分组和矿物测定方法:GB/T 8899—2013[S].北京:中国标准出版社,2014.

[150] G E 彼里西阿,S M 浦迪.体视学和定量金相学[M].孙惠林,马继畲,译北京:机械工业出版社,1980.

[151] 王越.高阶煤型煤显微结构及其对冷态强度影响研究[D].北京:煤炭科学研究总院,2013.

[152] 余永宁,刘国权.体视学:组织定量分析的原理和应用[M].北京:冶金工业出版社,1989.

[153] BORREGO A G,MARBÁN G,ALONSO M J G,et al. Maceral effects in the determination of proximate volatiles in coals[J]. Energy & Fuels,2000,14(1):117-126.

[154] MANDELBROT B B. The fractal geometry of nature[M]. New York:Freeman and Company,1982.

[155] BAINS R. Fractal geometry: mathematical foundations and applications [J]. Engineering Analysis with Boundary Elements,1992,9(4):366-367.

[156] 张济忠.分形[M].北京:清华大学出版社,1995.

[157] 王东升,汤鸿霄,栾兆坤.分形理论及其研究方法[J].环境科学学报,2001,21(S1):10-16.

[158] 王慧,曾令可.分形理论及其在材料科学中的应用[J].材料开发与应用,2000,15(5):39-43.

[159] 肯尼思·法尔科内.分形几何:数学基础及其应用[M].曾文曲,译.沈阳:东北大学出版社,1991.

[160] 孙霞,吴自勤,黄畇.分形原理及其应用[M].合肥:中国科学技术大学出版社,2003.

[161] 张济忠.分形[M].2 版.北京:清华大学出版社,2011.

[162] 朱华,姬翠翠.分形理论及其应用[M].北京:科学出版社,2011.

[163] XIE H,ZHOU H W. Application of fractal theory to top-coal caving[J]. Chaos Solitons & Fractals,2008,36(4):797-807.

[164] 朱红,陈惜明,赵跃民.细粒煤炭的分形特征对透筛过程的影响[J].中国矿业大学学

报,2000,29(3):258-261.

[165] 周兴林,肖神清,肖旺新,等.粗集料表面纹理粗糙度的多重分形评价[J].华中科技大学学报(自然科学版),2017,42(2):29-33.

[166] 王力力.分形理论在煤岩物理形态表征中的应用[J].中国煤炭,2017,43(6):102-106.

[167] 袁泉.煤颗粒超细粉碎过程的分形研究[D].上海:华东理工大学,2013.

[168] STAMBOLIADIS E T. The evolution of a mineral liberation model by the repetition of a simple random breakage pattern[J]. Minerals Engineering, 2008, 21(3):213-223.

[169] 李广民,王肖戈.我国劣质煤清洁利用发展战略研究[M].武汉:中国地质大学出版社,2012.

[170] 郭巍,王超,樊民强,等.炼焦中煤有用组分破碎解离规律研究[J].煤炭工程,2014,46(12):114-116.

[171] 范宏欢,曹育洵,李霞.炼焦中煤再选工艺现状及实践效果[J].内蒙古煤炭经济,2013(6):71-72.

[172] 陈占文,郭德.我国中煤再选研究现状与可行性分析[J].煤炭科学技术,2014,42(5):114-117.

[173] 代生福,杨志兵,王玉栋,等.煤炭行业低迷因素分析及应对之策[J].煤炭经济研究,2015,35(5):18-22.

[174] 刘炯天.关于我国煤炭能源低碳发展的思考[J].中国矿业大学学报(社会科学版),2011,13(1):5-12.

[175] 曾凡桂,王祖讷.中煤的煤岩学特征[J].燃料化学学报,1998,26(2):165-169.

[176] 傅晓恒,朱书全,王祖讷.主焦中煤再分选的必要性与可行性[J].中国煤炭,1996(3):40-41.

[177] 朱向楠,陶有俊,何亚群,等.炼焦中煤挤压破碎条件下破碎解离特性研究[J].中国矿业大学学报,2015,44(4):716-718.

[178] 朱向楠,何亚群,谢卫宁,等.炼焦中煤矿物学特性及再选试验研究[J].煤炭科学技术,2013,41(2):125-128.

[179] 赵闻达,李延锋,谢彦君,等.中煤破碎再选的应用研究[J].煤炭工程,2012,7(7):97-99.

[180] 龚豪,王永田,刘永华.西曲选煤厂中煤破碎再选试验研究[J].中国煤炭,2013,39(3):76-79.

[181] 郝凯,赵文进.常压稀碱法处理炼焦中煤的试验研究[J].内蒙古煤炭经济,2014(6):184-185.

[182] 张晋霞,吴根,牛福生,等.太西无烟煤超纯制备方法研究[J].煤炭技术,2009,28(11):169-171.

[183] LI Z,WU Y,ZHOU A N. Research on the ultrafine crushing technology of ultralow ash Taixi anthracite in stirred mill[J]. Information Technology Journal, 2013, 12(21):6169-6173.

[184] 吴松,徐建文,薛广哲,等.细粒煤分选技术研究现状及发展[J].陕西煤炭,2010,29(3):44-46.

[185] 陈宸.细粒煤分选设备的现状与发展趋势[J].能源技术与管理,2010,35(4):53-56.

[186] WU G C,ZHANG M,WANG Y Q,et al . Production of silver carp bone powder using superfine grinding technology: suitable production parameters and its properties[J].Journal of Food Engineering,2012,109(4):730-735.

[187] SIKONG L, KOOPTANOND K, MORASUT N, et al. Fine grinding of brittle minerals and materials by jet mill [J]. Songklanakarin Journal of Science and Technology,2008,30(3):377.

[188] BERTHIAUX H,CHIRON C,DODDS J. Modelling fine grinding in a fluidized bed opposed jet mill[J]. Powder Technology,1999,106(1/2):88-97.